化学工业出版社"十四五"普通高等教育本科规划教材

Inorganic Chemistry Experiment

无机化学实验

路 璐 刘强强 郑兴文 主编

化学工业出版社

·北京·

内容简介

　　《无机化学实验》共 6 章：化学实验基础知识、化学实验基本操作、基础实验、强化实验、开放拓展实验和趣味实验。实验内容突出安全性、系统性和趣味性，在巩固无机化学反应原理和基本操作的基础上，培养学生综合运用所学理论知识与实验技能进行拓展与设计实验的能力，激发学生的科学探究兴趣，培养创新意识。

　　《无机化学实验》可用作高等学校化学、化工、轻工、材料工程、环境工程、安全工程、生物工程、制药工程、食品科学与工程等专业的实验课程教材，也可供相关实验技术人员参考使用。

图书在版编目（CIP）数据

　　无机化学实验/路璐，刘强强，郑兴文主编．
北京：化学工业出版社，2024.10. --（化学工业出版社"十四五"普通高等教育本科规划教材）. -- ISBN
978-7-122-46042-4

　　Ⅰ. O61-33

　　中国国家版本馆 CIP 数据核字第 2024ZV2212 号

责任编辑：汪　靓　宋林青　　　　装帧设计：史利平
责任校对：李雨晴

出版发行：化学工业出版社
　　　　　（北京市东城区青年湖南街 13 号　邮政编码 100011）
印　　装：河北延风印务有限公司
710mm×1000mm　1/16　印张 9½　字数 187 千字
2024 年 9 月北京第 1 版第 1 次印刷

购书咨询：010-64518888　　　　售后服务：010-64518899
网　　址：http://www.cip.com.cn
凡购买本书，如有缺损质量问题，本社销售中心负责调换。

定　　价：29.00 元　　　　　　版权所有　违者必究

《无机化学实验》编写人员名单

主　　编： 路　璐　刘强强　郑兴文

参编人员：（姓氏拼音顺序）

刘　伟（四川轻化工大学）

马　飞（南京科矽新材料科技有限公司）

谈　高（南京科矽新材料科技有限公司）

王　军（四川轻化工大学）

吴威平（四川轻化工大学）

吴小满（四川轻化工大学）

吴　宇（四川轻化工大学）

前　言

化学是一门以实验为基础的学科，化学实验教学是整个化学教学过程必不可少的环节。无机化学实验是高等学校化学、化工、轻工、材料工程、环境工程、安全工程、生物工程、制药工程、食品科学与工程等专业大学一年级必修的一门基础课程。无机化学实验教学和训练不仅可以验证课堂学习的理论知识，更重要的是可以使学生掌握科学实验的方法和技能。通过对实验现象进行观察、分析和归纳总结，培养学生严谨的科学态度和良好的实验素养，提高独立工作和分析问题、解决问题的能力，为进一步学习和研究打下坚实的基础。

四川轻化工大学无机分析化学教研室充分考虑到化学与非化学专业培养目标和培养要求的差异性，在近十年教学实验改革的基础上，参考了国内外同类实验教材，对实验内容进行了筛选和重新组合。内容除了精选的部分基础实验，还新增了强化实验、开放拓展实验以及趣味实验，形成了相对独立和完整的无机化学实验新体系，突出安全性、系统性和趣味性。

本书第 1 章为化学实验基础知识，强调实验操作规范性、实验安全的重要性。第 2 章是化学实验基本操作，包括常用实验仪器及其操作技术归类汇编。第 3 章是基础实验，通过 14 个常见基础实验加深学生对无机化学反应原理的理解和掌握，让学生了解有关理论知识和实验工作的相关性，领略巧妙设计实验的重要性。第 4 章为强化实验，较多地涉及理论知识和实验技能的综合运用，可进一步提升学生无机材料制备及分离表征的能力。第 5 章为开放拓展实验，结合一些当今无机化学研究热点，让学生接受更深层次的综合科研训练。第 6 章为趣味实验，选编了 6 个具有趣味性或与生活相关的实验，目的是激发学生的科学探究兴趣和培养创新意识。

本书由路璐、刘强强、郑兴文主编，刘伟、马飞、谈高、王军、吴威平、吴小满、吴宇参与编写。全书由路璐、刘强强和郑兴文统稿。本书在编撰过程中，得到了教育部产学合作协同育人项目、四川轻化工大学产教融合项目的支持，以及南京科矽新材料科技有限公司的合作支持。教研室李慎新、陈百利、蔡述兰、向珍、孙延春等老师在本书编撰过程中提出宝贵意见，在此深表谢意。

限于编者水平，本书难免有疏漏和欠妥之处，敬请读者批评指正。

编者

2024 年 3 月

目　　录

第1章　化学实验基础知识 ……………………………………………… 1

1.1　学生实验守则 ………………………………………………………… 1

1.2　实验室安全 …………………………………………………………… 1

1.3　实验室安全事故处理 ………………………………………………… 3

1.4　无机化学实验学习方法 ……………………………………………… 4

第2章　化学实验基本操作 ……………………………………………… 7

2.1　玻璃仪器的洗涤和干燥 ……………………………………………… 7

2.2　试剂的类别、存放与取用 …………………………………………… 8

2.3　量筒、移液管和吸量管的使用 ……………………………………… 11

2.4　容量瓶的使用 ………………………………………………………… 13

2.5　滴定管的使用 ………………………………………………………… 14

2.6　加热 …………………………………………………………………… 17

2.7　过滤 …………………………………………………………………… 21

2.8　蒸发 …………………………………………………………………… 23

2.9　称量 …………………………………………………………………… 24

2.10　药品的称量方法 ……………………………………………………… 27

2.11　酸度计的使用 ………………………………………………………… 28

第3章　基础实验 ………………………………………………………… 31

实验1　氯化钠提纯 ……………………………………………………… 31

实验2　由废铁屑制备莫尔盐 …………………………………………… 34

实验3　工业硫酸铜的提纯 ……………………………………………… 37

实验4　硝酸钾的制备及提纯 …………………………………………… 39

实验5　醋酸解离平衡常数的测定 ……………………………………… 41

实验6　理想气体常数 R 的测定 ………………………………………… 44

实验7　化学反应速率及活化能测定 …………………………………… 47

实验8　沉淀溶解平衡 …………………………………………………… 52

实验9　氧化还原反应 …………………………………………………… 55

实验10　三草酸合铁（Ⅲ）酸钾的制备 ………………………………… 58

实验11　铬、锰、铁、钴、镍及其化合物 ……………………………… 60

实验12　p区非金属元素性质 …………………………………………… 65

实验13　常见阳离子的鉴别、鉴定和混合离子分离 …………………… 70

实验 14　常见阴离子的鉴别、鉴定和混合离子分离 ················ 76

第 4 章　强化实验 ······················ 80

实验 15　由鸡蛋壳制备丙酸钙 ······················ 80

实验 16　营养药葡萄糖酸锌的制备 ······················ 84

实验 17　三氯化六氨合钴（Ⅲ）的制备 ······················ 88

实验 18　二草酸合铜（Ⅱ）酸钾的制备 ······················ 91

实验 19　易拉罐制备明矾 ······················ 93

第 5 章　开放拓展实验 ······················ 96

实验 20　镁铝水滑石的制备与表征 ······················ 96

实验 21　Keggin 型 $H_3PW_{12}O_{40}$ 的制备及其光降解有机染料的研究 ········ 99

实验 22　纳米 Cu_2O 的制备与催化 H_2O_2 分解 ······················ 101

实验 23　MnO_2 纳米花的制备及催化降解 RhB ······················ 103

第 6 章　趣味实验 ······················ 106

实验 24　奇妙的水中花园 ······················ 106

实验 25　晴雨花制作 ······················ 107

实验 26　法老之蛇 ······················ 108

实验 27　银树 ······················ 109

实验 28　魔棒点灯 ······················ 110

实验 29　食物掺假鉴别 ······················ 111

附录 ······················ 113

附录 1：不同温度下水的饱和蒸气压 ······················ 113

附录 2：常见弱酸在水溶液中的解离常数（25 ℃） ······················ 114

附录 3：常见弱碱在水溶液中的解离常数（25 ℃） ······················ 118

附录 4：常见电对的标准电极电势（25 ℃） ······················ 120

附录 5：难溶化合物的溶度积常数（25 ℃） ······················ 131

附录 6：配合物的稳定常数（25 ℃） ······················ 134

参考文献 ······················ 145

第1章　化学实验基础知识

实验室的良好环境和实验过程中良好的工作秩序是做好实验的前提。化学实验中发生事故的原因，从主观上讲有两个方面：一是安全意识不强；二是对化学实验基础知识不了解或知之甚少。希望学生在开课前用心把本教材的第1章化学实验基础通读几遍，为日后顺利完成实验并取得好的实验效果奠定坚实的基础。

1.1　学生实验守则

上实验课前必须阅读实验教材，了解实验的目的、原理、步骤和注意事项，查阅有关的文献资料，思考要回答的问题，写好预习报告。

上实验课必须提前进入实验室，做好实验准备工作，按实验要求清点所用仪器，如发现有破损或缺少，应立即报告指导教师。

实验时应思想集中，遵从教师指导，认真按照实验方法和步骤进行，规范操作，仔细观察，勤于思考，及时并如实地记录实验数据和实验现象。

安全是做好化学实验的保证，必须严格按照安全规程进行实验。如遇突发情况，应冷静处置，并及时报告指导教师。

保持实验室安静、整洁。在实验室不得大声喧哗，实验应按学号在规定的位置上进行，未经允许不得擅自挪动。实验过程中的垃圾、废物或废液应放入备用或指定的容器，要求回收的试剂应倒入指定的回收瓶。

要爱护财物，小心使用仪器和实验设备，注意节约使用水、电和药品。如损坏仪器，须及时向指导教师报告，并自觉如实地登记，按规定赔偿和补领。实验室内的一切物品未经允许不得带离实验室。

实验完毕，必须将玻璃仪器洗涤干净，放回原处，其他实验仪器及实验用品按原样整理安放。做好实验台面和周边的卫生清洁，检查所用水、电、煤气的开关是否关闭，并将实验记录交指导教师检查，经同意并签字后方可离开实验室。

值日生应认真履行职责。打扫实验室，清倒废物桶，整理公用仪器物品，检查水、电、煤气，关好门窗，经指导教师查看合格方可离开实验室。

严格遵守学校的规章制度，不得在实验室进行与实验无关的事情。

1.2　实验室安全

1.2.1　安全规则

化学实验室是学习和实践的重要场所。在进行化学实验时，会接触和使用多种化学药品、电器设备、玻璃仪器和日常的水、电、气等。在实验过程中，若使用不当或违规操作，疏忽大意，违反实验章程，都有可能会引起意外事故。因此，安全是化学实验课程的第一课，也是最重要的内容之一。每一个进入实验室学习的人都应该高度重视安全问题，认真学习教材中的安全指导，认真学习实验操作规范。

学生进入实验室前，必须进行安全教育培训并通过测验。实验室内严禁饮食、吸烟。一切化学药品严禁入口。

了解电源、消防栓、灭火器、紧急洗眼器和安全出口的位置及正确的使用方法。

实验时要身着长袖、过膝的实验服，不可以穿拖鞋、大开口鞋、凉鞋、底部带铁钉的鞋，长头发应束起。做实验期间采取相应防护（通风橱、护目镜、手套等），尽量避免受伤，如割伤、烫伤等。

浓酸、浓碱具有强腐蚀性，注意勿溅在皮肤和衣服上，取用时要戴胶皮手套和防护眼镜。产生有害气体及挥发性、刺激性有毒物质的实验应在通风橱中进行操作。使用乙醚、苯、丙酮等易燃有机溶剂时，要远离火焰和热源，且用后应倒入回收瓶中回收。试管加热时，不许将加热溶液的试管口对着自己或他人；不能俯视正在加热的液体，以免溅出液体烫伤眼和脸。

实验过程中产生的固体废弃物如废纸、火柴梗、用过的试纸等应该放入固体废物桶，碎玻璃废弃物放入指定垃圾桶，所有的固体废弃物均不能丢入水池内，以防堵塞水槽。

实验结束后，将所用仪器清洗干净，原位摆放整齐，台面打扫干净；值日生将地面、水槽、试剂架打扫干净，试剂摆放整齐；检查水、电、气、门、窗等是否关好。

遇到紧急情况时不要慌乱，在老师指导下迅速撤离。

1.2.2 实验事故的预防

（1）着火

使用易燃溶剂如乙醇、乙醚、二硫化碳、苯等以及其他易燃品时，严禁在敞口容器（如烧杯）中存放或加热，要根据溶剂性质选用正确的加热方式，切勿用明火直接加热。

加热易挥发性液体或反应中产生有毒气体时，必须在通风橱内进行，或在反应装置出口处接一橡皮管，导出室外。加热易挥发性液体还要注意远离火源。

易燃及易挥发物，不得倒入废液桶内，量大时，要专门作回收处理，少量时可倒入水槽，用水冲走（与水有猛烈反应的物质则应单独处理）。

（2）爆炸

常压操作时，切勿将反应体系密闭，保证受热装置要有与外界相通的出气口。

使用乙醚时，必须检查有无过氧化物存在。检查方法：将少量的醚用湿润的淀粉碘化钾试纸检验，试纸变蓝，说明有过氧化物生成。去除方法：用硫酸亚铁或亚硫酸钠溶液除去。

（3）中毒

有毒药品要有专人负责，妥善保管。使用者要遵守规范操作，对有毒残渣进行有效处理，不准随意丢弃。

对于一些会渗入皮肤的药品，要做好防护工作，实验过程中必须穿工作服，戴手套等。工作结束后要进行检查，立即洗手，切勿让有毒物品沾染皮肤。

对实验过程中会生成有毒、有害或有腐蚀性的气体实验必须要在通风橱中进行，实验中不要把头伸入通风橱内，使用后的器皿应及时清洗。

（4）触电

使用电器时，不能用湿手或手握湿的物品触摸电源插头和电器设备。实验后关闭所用电器开关，教师检查后，关闭总电源。

1.3　实验室安全事故处理

1.3.1　着火的处理

一旦发生着火事故，第一时间报告老师，不要慌乱，一般应采取以下措施：首先切断电源，关闭煤气灯或熄灭其他火源，然后将燃烧物与其他可燃物、助燃物迅速隔离，防止火势进一步扩大。同时视燃烧物性质选用适当的灭火器材进行灭火。

容器内溶剂着火或小范围着火可用石棉布、石棉网、玻璃布、湿毛巾等覆盖着火物，使之与空气隔绝而灭火。

若衣服着火，切勿奔跑，可用厚的外衣包裹使其熄灭，火势较大时就地打滚（以免火焰烧向头部），也可以打开附近的自来水开关用水冲淋至火熄灭。

对于有机化学实验室一般不用水进行灭火，这是因为大多数有机溶剂不溶于水且比水轻，若用水灭火，有机溶剂会浮在水面上，反而扩大火势。有些药品（如金属钠、三氯化磷等）与水反应产生可燃、易爆、有毒气体，会引起更大伤害。

实验室常备的灭火器材及其使用范围：

泡沫灭火器：灭火时，产生的泡沫（含 CO_2 及氢氧化铝浆状物）在燃烧物表面形成覆盖层，从而封闭其表面，隔绝空气。泡沫灭火器主要用于扑灭不溶于水的可燃液体和一般固体的着火。不适用于气体火灾、活泼金属（如碱金属）、可燃、易燃液体的火灾和带电火灾。

二氧化碳灭火器：二氧化碳以液体形式压装在灭火器中。当阀门一开，喷出的二氧化碳迅速气化，由于喷出的是温度很低的气、固二氧化碳，可降低燃烧区空气中的氧含量和温度，达到灭火效果。二氧化碳无毒、不导电，故适用于扑灭带电设备、易燃液体、图书、精密仪器、档案的火灾。但不适用于活泼金属火灾。

干粉灭火器：干粉灭火剂主要成分是硫酸氢钠（钾）、磷酸铵、氯化钾、碳酸钠的干粉组合。灭火时，压缩气体（二氧化碳或氮气）气化，容器中的干粉以雾状流喷向燃烧物。高温下，干粉受热分解出不燃气体，达到灭火效果。它主要用于各种水溶性和非水溶性可燃液体及一般带电设备的着火。不适用于金属火灾。

1.3.2 割伤的处理

受伤处不能用手触摸，不能用水洗涤。小伤口，先取出固体物或玻璃碎渣，用3％双氧水消毒后涂碘伏或紫药水，再用创可贴。必要时到医务室进行处理。大伤口，先紧急按住主血管以免大量出血，立即送往医务室进行处理。

1.3.3 烫伤的处理

热烫伤，用冷水冲洗冷却，减小烫伤程度，然后进行敷药处理。必要时到医务室进行检查处理。

试剂烫伤，先用大量水冲洗，洗去试剂，然后进行敷药。必要时到医务室进行检查处理。

1.3.4 皮肤灼伤的处理

酸灼伤，立即用大量水冲洗以免深度受伤，再用 3％ $NaHCO_3$ 溶液冲洗，最后再用水洗净。

碱灼伤，立即用大量水冲洗，再用 1％ HAc 溶液冲洗，最后用水洗净。

1.3.5 化学药品入眼的处理

化学药品进入眼内，要用大量的水缓缓彻底冲洗。实验室内有专门的洗眼器水龙头。洗眼时要保持眼皮张开，可由其他人帮助翻开眼皮进行冲洗。随后到医务室进行检查。若是浓酸碱进入眼睛的情况，急救后要立即送往医院进行检查治疗。

1.3.6 有毒物品入口的处理

有毒物品入口，应立即进行催吐，吐出毒物，并马上送往医务室。

1.4 无机化学实验学习方法

无机化学实验课程的基本要求是：在实验教学过程中，养成良好的实验习惯，掌握无机化学实验的基本技能，培养学生发现问题、分析问题、解决问题的能力。在学习中，要具备良好的学习习惯，掌握学习的方法，做好实验前充分的预习，实验中注意观察现象，按要求做好原始记录，实验后能用化学专业术语表达实验现象及产生原因，能正确处理所得数据，能够科学合理表达测量结果和结论，写出合乎要求的实验报告。

1.4.1 实验前的预习

实验前的预习是进入实验室进行实验的必须准备。预习时必须做到：

① 明确实验目的和要求，认真阅读实验教材或有关参考资料，理解实验原理，

将理论知识和实验进行结合。

② 明确实验所需的仪器和试剂（标明规格），并计划好所需药品的量或浓度要求，仪器的规格要求等。

③ 熟悉实验方案，能简明扼要地列出实验流程、操作方法和注意事项（预习的重点），并预先设计好数据记录表格，使记录数据一目了然（工作准备）。

④ 准备好无机化学实验预习记录本，将一个实验的预习、原始记录、数据处理等（即实验的全过程）都写在同一个本子上。

1.4.2　实验过程

实验过程包括实验操作、实验现象和数据的记录、实验数据处理和实验仪器的清理等。实验操作需要按照具体的实验操作步骤，按照要求完成实验项目，以达到实验目的要求，在实验操作过程中要严格按照基本操作技术规范进行，达到熟练掌握无机化学实验的基本操作技能。

实验过程中，需认真细致观察实验现象，记录实验现象和实验数据。实验现象和数据的记录是化学实验中非常重要的事情，是实验中的第一手资料，必须以实事求是的科学态度准确、客观地记录有关数据和现象，切忌夹杂主观因素。坚决杜绝弄虚作假或拼凑数据。记录数据应注意以下几点：

① 用黑色中性笔或签字笔记录数据，不要用铅笔，以免模糊不清造成失误。

② 字迹要清楚，记下的数据需改动时，应该将错误数据用横线划去，再在旁边写上正确的数字，不要在原来的数据上涂改。

③ 记录测量数据时，应根据测量仪器的精密度，正确地记录数据，保留应有的有效数字，不能随意更改有效数字位数。即便尾数为 0 也不能随意丢弃。如万分之一的电子天平应该读至小数点后 4 位，0.2580 g，不能记作 0.258 g。

实验完成后，整理记录的实验现象和实验原始数据，根据实验要求进行数据以及误差的处理。并写出合乎要求的实验报告。实验中要养成良好的实验习惯，遵守实验规则，保持实验室的整齐和清洁。

1.4.3　实验报告

实验完毕后，根据实验要求，整理分析数据，书写实验报告。没有实验报告的实验是一次无效的实验。无机化学实验报告的内容一般包括以下内容：

① 实验基本信息（含实验名称、编号、姓名、班级、时间等）

② 实验目的、原理

③ 实验步骤

简明写清楚实验方法，具体步骤（含仪器，试剂，用量，实验现象等）要表达清晰，可以采用表格、流程图等不同的形式进行表示，不要一字一句地照搬书本。

④ 实验结果的表示

对实验现象和实验数据进行分析处理，可以用表格，图形等形式实验结果简明地表示出来。并将数据处理的主要过程和计算公式列出，按实验要求计算结果，得出正确结论。

⑤ 总结分析

根据实验中观察到的现象、出现的问题、心得体会等进行讨论分析，以提高分析问题和解决问题的能力。

第 2 章 化学实验基本操作

2.1 玻璃仪器的洗涤和干燥

2.1.1 玻璃仪器的洗涤

在化学实验中，根据实验的具体要求，我们会用到不同种类的玻璃仪器，玻璃仪器洗涤得干净与否，将直接影响实验的效果，因此玻璃仪器的洗涤在实验中是一项非常重要的技术性工作。要把玻璃仪器洗涤干净，需要遵循规范的洗涤方法。玻璃仪器洗涤干净的标志：仪器内壁的水既不聚成水滴也不成股流下，即器壁上出现均匀的薄层水膜。玻璃仪器洗涤的一般程序为：自来水冲洗→洗涤剂刷洗→自来水冲洗 2～3 次→去离子水（蒸馏水）润洗 2～3 次。

一般情况：往容器中注入少量的水（一般不超过容器容积的 1/3），振荡，倒掉，反复振荡几次，直到洗净。最后用去离子水（蒸馏水）润洗 2～3 次。

若仪器内壁附有不易洗掉的物质，可以往容器里倒入少量水，再选择合适的毛刷配合去污粉、洗涤剂，往复转动，轻轻刷洗后用水冲洗几次。最后用去离子水（蒸馏水）润洗 2～3 次。

洗涤剂的选择：对于用水洗不掉的污物，一般的污物（可溶性污物、无黏附性不溶物如灰尘或油污）可以用洗涤剂或洗衣粉蘸洗。也可以根据污物性质的不同用药剂进行处理。例如：玻璃器皿中若附有不溶于水的碳酸盐、碱性氧化物等物质时，可以用稀盐酸清洗（必要的时候可以加热）；附有油脂的仪器，可以用热的纯碱液来清洗或用 NaOH 溶液洗涤。

小口径玻璃仪器，有刻度的仪器（如玻璃量筒、滴定管、吸量管等），要用特殊配制的"洗液"清洗。洗净内部后，冲净洗液，再用去离子水（蒸馏水）洗涤 2～3 次。

2.1.2 玻璃仪器的干燥

实验室常用的玻璃仪器的干燥方法有：晾干、烤干、吹干、烘干、有机溶剂快速干燥法。

晾干：将洗净的玻璃仪器倒置在合适的仪器架上自然晾干（如试管倒挂于试管架）。

烤干：常用的试管、烧杯、蒸发皿等耐高温的玻璃器皿，可以小火烤干。试管烤干前，把外壁水擦干，管口倾斜朝下，从底部开始，小火烤并不断移动。烧杯、蒸发皿等宽口径的器皿烤干前，擦干外壁的水，放在石棉网上小火烤干。

烘干：将待干燥的器皿倒置或平放于搪瓷盘中，放入烘箱中。温度控制在

105 ℃左右。若有不能倒置的仪器单独放置。并在最下层放磁盘，以承接仪器滴落的水珠。

吹干：待干燥的容器口倾斜朝下，用气流或电吹风吹干。

有机溶剂快速干燥法：用丙酮、酒精等易挥发的溶剂将容器均匀润洗，倒出，然后自然晾干或吹干。

注意：带有刻度的计量仪器（如容量瓶、移液管、量筒等），不能用加热的方法进行干燥，以免影响仪器的精密度。

2.2　试剂的类别、存放与取用

2.2.1　化学试剂的分类

在化学实验中，由于实验要求不同，在实验中所使用的试剂纯度不同，所以化学试剂按所含杂质的不同分为不同的级别，以适应不同情况的需求。试剂的分级、标志、标签颜色和主要用途列于表 2-1。

表 2-1　化学试剂等级标准

级别	中文名称	英文符号	适用范围	标签颜色
一级	优级纯	GR	重要细致的精确分析实验和科研	绿色
二级	分析纯	AR	重要分析实验、科研及教学工作	红色
三级	化学纯	CP	一般化学实验、工业分析及教学工作	蓝色
四级	实验试剂	LR	一般化学实验辅助试剂和教学	棕色或黄色
生化试剂	生化试剂	BR	生物化学及医用化学实验	咖啡色或玫瑰色

除上述四种级别的试剂外，还有适合某一方面需要的特殊规格试剂，如基准试剂（PT），专门作为基准物用，可直接配制标准溶液；光谱纯试剂（SP）等。

2.2.2　试剂存放

无机化学实验中会用到金属、酸、碱、盐及一些有机溶剂，其中有很多具有氧化性、腐蚀性等，实验试剂存放由专业人员负责，按照规范分级分类存放。对于易相互作用、易燃、易爆炸的试剂，应分开贮存在阴凉通风的地方。如酸与碱、氧化剂与还原剂属易相互作用的物质；有机溶剂属易燃试剂；氯酸、过氧化氢、硝基化合物属易爆炸试剂等。常见的试剂存放注意事项如下：

固体试剂：保存在广口瓶中。

液体试剂：保存在细口瓶中，低沸点的易燃液体要在阴凉通风的地方存放，并与其他可燃物和易发生火花的器具隔离放置，更要远离明火。

见光易分解的试剂：保存在棕色瓶中，如 HNO_3、氯水、溴水、$AgNO_3$、$AgCl$、$AgBr$、AgI。

碱性试剂：保存在玻璃瓶中，不能用玻璃塞，要用橡胶塞，如 $NaOH$、

Na_2CO_3、Na_2SiO_3 等。

酸性试剂：保存在玻璃瓶中，如 H_2SO_4、HNO_3、HCl、H_3PO_4 等。

强氧化性试剂：保存在玻璃瓶中，不能用橡胶塞或软木塞，如 HNO_2、H_2SO_4（浓）、氯水、溴水、$KMnO_4$、$K_2Cr_2O_7$ 等

有机试剂：保存在玻璃瓶中，不能用橡胶塞或软木塞，如苯、甲苯、四氯化碳、甲醇、乙醇、乙酸、氯仿、丙酮等。

易燃易爆的试剂：所放位置要远离火源，如钾、钠、白磷、酒精、硫黄等一般化学试剂均应密封，并放在低温、干燥、通风处。

剧毒试剂：根据性质特殊保存，并有专人负责保管，严格取用手续，以免发生中毒或其他危险事故。如氰化物（氰化钾、氰化钠）、氢氟酸、二氯化汞、三氧化二砷（砒霜）等属剧毒试剂。

2.2.3　试剂的取用

（1）取用规则

取用前：要核对标签，确认无误后才能取用；不能用手或不洁净的用具接触试剂；瓶塞、药匙、滴管都不得相互串用。

取用时：取用试剂应当是按需取样，且转移的次数越少越好（减少中间污染）。试剂用量应按照实验中的规定确定。如没有具体指明用量，一般应按最少量取用；仅说明"少许"，则固体试样一般取用绿豆大小，液体试样取用 3～5 滴即可。取出的多余试剂原则上不得倒回原试剂瓶，以防污染整瓶试剂！对确认可以再用的（或派作别用的）要另用干净容器回收。（注：试剂的取用量多少和具体实验要求及试剂性质等都有关，不同情况试剂用量不同）

取用后：每次取用试剂后都应立即盖好试剂瓶盖，并把瓶子放回原处，使瓶上标签朝外。

注意：不准品尝试剂（教师指定者除外)！不准把鼻孔凑到容器口去闻试剂的气味，只能用手在瓶口轻轻扇动，将少量气体带至鼻处。防止受强烈刺激或中毒！

（2）固体试剂的取用

小颗粒或粉末状固体：取用小颗粒或粉末状试剂可使用药匙。

往试管里装入粉末状固体时，应先将试管平斜，把盛有试剂的药匙小心地送入试管底部，然后翻转药匙并使试管直立，试剂即可全部落到底部（如图 2-1）。药匙用毕要立即清洗擦拭干净。

图 2-1　小颗粒或粉末固体试剂取用（药匙）

往试管（或烧瓶）中装入粉末状固体时，为了避免沾在管口（或瓶口）和管壁（或瓶壁）上，可把粉末平铺在用纸条折叠成的纸槽中（如图 2-2）。再把纸条伸入试管中，直立后轻轻抖动，试剂将顺利地落到容器底部。

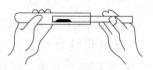

图 2-2 粉末状固体试剂取用（纸条）

块状固体：取用块状试剂可用洁净干燥的镊子。

将块状试剂放入玻璃容器（如试管、烧瓶等）时，应先把容器平放，把块状试剂放入容器口后缓缓地竖立容器，使块状试剂沿器壁滑到容器底部，以免把玻璃容器底砸破。

（3）液体试剂的取用

倾注液体：试剂通常都盛在细口试剂瓶中。

取用时先打开瓶塞（如瓶塞上沾有液体，应在瓶口处轻轻地刮掉），将瓶塞倒放在台面上。握住瓶子倾倒时，要注意使瓶上的标签正对掌心的方向，以保倾倒过程中万一有液滴淌下，不致污染或腐蚀标签。如图 2-3 所示。

图 2-3 倾注液体

当从试剂瓶直接往小口容器（如试管或其他细口瓶等）中倾注液体时，应使瓶口边缘与受器内口的边缘相抵，缓缓倾倒（如图 2-3）。注入液体时，应以拇指与食指、中指相对捏住试管上部近口处，以便于控制管口位置和观察液体的注入量。倾注完毕时，不应让试剂瓶口上剩下的最后一滴淌在瓶子的外壁上，要随手用受器的内口边缘、玻璃棒或原瓶塞把液滴轻轻刮掉。

当往小口容器内转移液体时，也可以借助漏斗。往烧杯（或其他大口容器）中倾倒液体时，可用玻璃棒引流。

用滴管转移液体：转移少量液体或逐滴滴加液体时，都可使用滴管。滴管可以是自制的或滴瓶上所附专用的。

使用时，先用拇指和食指捏瘪橡胶乳头，赶出滴管中的空气（视所需吸入液体多少，决定捏瘪的程度），然后把滴管伸入液面以下，再轻轻放开手指，液体遂被吸入。

用滴管往容器中转移液体时，根据需要接受的容器可直立或稍微倾斜，但滴管必须垂立于容器口的上方，其尖嘴不得接触容器壁，然后轻捏胶头使液体缓缓地逐滴滴入，如图 2-4 所示。如受器倾斜，液滴可沿器壁自然淌下而避免迸溅。

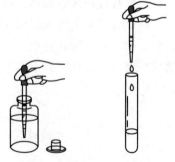

图 2-4 胶头滴管取液体

使用滴管时，未经洗净，不准连续吸取不同液体。不许把滴管平放在台面上（应插在专用的试管或烧杯中），以防沾污。滴管用毕要及时洗净。洗净的方法是挤净液体后，反复吸、射去离子水（蒸馏水）。

每次用滴管吸入的液体量以不超过管长的 2/3 为宜，吸液后的滴管不准平持，更不准将尖嘴向上倾斜。滴管的胶头内如果吸入液体，必须摘下来反复冲洗晾干后，装上再用。

滴瓶上的滴管用毕应立即插回原瓶（不须清洗）。滴瓶上的滴管是原装磨口配套的，即使洗净后也不能串换。

注意：在使用浓酸、浓碱等强腐蚀性试剂时，要特别小心，防止皮肤或衣物等被腐蚀。

① 氢氧化钠或氢氧化钾等浓碱液溅到皮肤上，应先用大量水冲洗，然后用 2%～3% 硼酸溶液冲洗。浓碱液流到实验台上，立即用湿抹布擦净，再用水冲洗抹布。沾在衣服上的浓碱液，也要立即用水冲洗。

② 硫酸、硝酸、盐酸等沾到皮肤（或衣物）上，应立即用大量水冲洗，然后用 3%～5% 碳酸氢钠水溶液冲洗。如皮肤上沾到较大量的浓硫酸时，不宜先用水冲（以免烫伤），可迅速用干布或脱脂棉拭去，再用大量水冲。

③ 万一眼睛里溅进了酸或碱液，要立即用水冲洗，千万不要用手揉眼睛！洗时要眨眼睛，并及时请医生治疗。

2.3　量筒、移液管和吸量管的使用

2.3.1　量筒的使用

量筒是有容积刻度的容量仪器，用来测量液体的体积。量筒量取体积准确度较低，一般用于粗略量取。量筒根据体积有：5 mL、10 mL、25 mL、50 mL、100 mL、500 mL、1000 mL 等。

量筒的使用：向量筒里注入液体时，左手拿住量筒，量筒略微倾斜，右手拿烧杯（或试剂瓶），使瓶口紧挨着量筒口，使液体缓缓流入。注入液体后，等待 1～2 min，使附着在量筒内壁上的液体流下来，再读出刻度值。否则，读出来的数值会偏小。读数时，将量筒放在水平桌面上，眼睛要与液面最凹处（弯月面）相平，读取弯月面最底部的刻度。如图 2-5 所示。

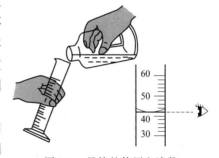

图 2-5　量筒的使用和读数

注意：

① 量筒不能量取高温液体，不能加热。

② 不能用作反应容器。

③ 不能用来稀释浓酸、浓碱。

④ 不能储存药剂。

⑤ 不能用去污粉清洗以免刮花刻度。

2.3.2　移液管和吸量管的使用

移液管是化学实验中常用的玻璃器皿之一，用于准确移取一定体积的液体。根据容量规格不同，常见的有 5 mL、10 mL、25 mL、50 mL、100 mL 和 250 mL 等规格。吸量管是具有分刻度的移液管，可以根据需要吸取所需体积。吸量管一般用于量取 10 mL 以下体积液体。常见有 10 mL、5 mL、2 mL、1 mL 等。使用吸量管也特别注意量程及分刻度标值，以免出错。移液管和吸量管的使用方法一样，移液管使用方法，需要遵循以下几个步骤：

（1）洗涤

移液管需要先用洗涤剂或者铬酸洗液进行洗涤。具体方法为：用洗耳球将洗涤液吸入至移液管的膨大部分的三分之一至一半处，放平旋转使得玻璃内壁与洗涤剂充分接触，多次旋转接触后，将洗涤剂倒出（如果用铬酸洗液进行洗涤，防止铬酸洗液滴落到管外或身上，洗完后铬酸洗液要回收），再用自来水冲洗数次，最后用去离子水（蒸馏水）趟洗三次。

（2）润洗

移液前先用滤纸将移液管嘴尖内外的水吸去，用少量的待装液润洗移液管 2～3 次，润洗和洗涤方法相同。

（3）移液

左手拿洗耳球，右手大拇指和中指拿移液管，然后将移液管嘴尖伸入液面以下 2～3 cm 处（不要太浅，防止吸入空气，也不要太深以防外壁附着过多液体），左手将洗耳球压扁排除空气后，再将洗耳球的尖嘴对准移液管上端口，缓缓松开左手，液面逐渐上升，当液面上升至刻度线以上时，迅速移去洗耳球，并用右手食指按住管口［如图 2-6(a)］；左手改拿盛待装液的容器，使其倾斜约 30°。将移液管向上提，离开液面，使移液管垂直，尖嘴紧贴容器内壁，此时微微松动右手食指并用大拇指和中指转动，使液面缓慢下降，直到弯月面最低点与刻度线相切时，立即按紧食指，此时液体不再流出。左手改拿接受容器。将接受容器倾斜，使内壁紧贴

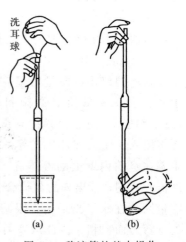

图 2-6　移液管的基本操作

移液管尖嘴约 30°倾斜［如图 2-6(b)］。松开右手食指，使溶液自由地沿内壁流下。待液面下降到管尖后，停靠 15 s 取出移液管。

注意：除特别注明需要"吹"的以外，尖嘴最后留有的少量溶液不能吹入接受容器中，因为在检定移液管体积时，就没有把这部分溶液算进去。

（4）归位

移液管使用完毕后，用自来水或去离子水（蒸馏水）洗净后，放回到移液管架上。

2.4　容量瓶的使用

容量瓶是用于准确配制一定物质的量浓度溶液的容器。常用的容量瓶有 50 mL、100 mL、250 mL、500 mL 等多种规格。使用容量瓶配制溶液的一般步骤有检漏、洗涤、溶解、定量转移、定容、摇匀。

（1）检漏

使用前，先要检查塞子与瓶是否配套。具体方法［如图 2-7(a)］：在瓶中装入一定量的水，塞紧瓶塞，用左手食指顶住瓶塞，另一只手托住容量瓶底，将其倒立 2 min（瓶口朝下），观察容量瓶是否漏水。若不漏水，将瓶正立后将瓶塞旋转 180°，再次倒立 2 min，检查是否漏水，若不漏水，说明该容量瓶不漏，可使用。若出现漏水情况，说明塞子与瓶不匹配，需更换。

（2）洗涤

容量瓶使用前必须要洗干净。先用自来水冲洗，再用去离子水（或蒸馏水）洗涤干净。若有油污，可先用铬酸洗液泡洗。

（3）溶解、定量转移

先将准确称量好的药品在小烧杯中完全溶解后，用玻璃棒引流，将溶液转移到容量瓶里［如图 2-7(b)］，溶液转移结束后，应将烧杯沿着玻璃棒微微上提，同时烧杯直立，避免沾在杯口的溶液流到杯外，随后把玻璃棒放回烧杯，用去离子水（或蒸馏水）洗涤烧杯内壁和玻璃棒，然后全部转移到容量瓶，为保证溶质能全部转移到容量瓶中，要用去离子水（蒸馏水）多次洗涤烧杯，并把洗涤溶液全部转移到容量瓶里。

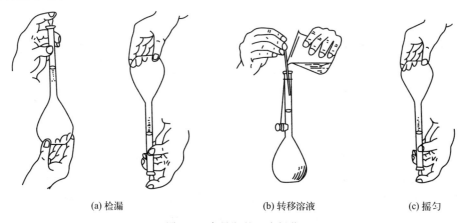

(a) 检漏　　　　　　　　(b) 转移溶液　　　　　　　　(c) 摇匀

图 2-7　容量瓶的基本操作

（4）预混并定容

此时容量瓶液体体积约为容积的一半，振荡容量瓶使溶液混合均匀，继续稀释，直到液面离刻度线大约 1 cm 时，稍微停留，等待液体流下后，改用滴管逐滴滴加，最后使液体的弯月面与刻度线正好相切。若超过刻度线，则需重新配制。

（5）摇匀

盖紧瓶塞，用左手食指顶住瓶塞，另一只手托住容量瓶底，倒置摇荡反复多次，使得溶液混合均匀 [如图 2-7(c)]。

注意：

① 容量瓶不能进行加热。如果溶质在溶解过程中放热，要待溶液冷却后再进行转移，因为一般的容量瓶是在 20℃ 的温度下标定的，若将温度较高或较低的溶液注入容量瓶，容量瓶则会热胀冷缩，所量体积就会不准确，导致所配制的溶液浓度不准确。

② 容量瓶只能用于配制溶液，不能储存溶液，因为溶液可能会对瓶体进行腐蚀，从而使容量瓶的精度受到影响。

③ 容量瓶用毕应及时洗涤干净，塞上瓶塞，并在塞子与瓶口之间夹一条纸条，防止瓶塞与瓶口粘连。

2.5　滴定管的使用

滴定管是用于准确量出溶液体积的量出式量器。根据滴定管所盛溶液不同分为酸式滴定管和碱式滴定管。近年来，已有聚四氟乙烯材质的滴定管活塞，用于盛装酸液或碱液，为通用型滴定管。根据规格有 5 mL、10 mL、25 mL、50 mL 等滴定管。酸式滴定管下端是用活塞来控制滴定速度的，可盛放酸性溶液和氧化性溶液 [图 2-8(a)]；碱式滴定管下端连接一段乳胶管，管内有玻璃珠用以控制液体流出的速度，用来盛放碱性溶液和无氧化性溶液 [图 2-8(b)]。

2.5.1　酸式滴定管的使用

（1）仔细检查滴定管各部分是否完好，旋塞是否转动灵活，旋塞孔是否堵死，刻度是否清晰完整，尖嘴是否完好等。

（2）涂油

若酸式滴定管装满水后，出现漏液渗水漏液的情况，需要涂油。具体操作为：将酸式滴定管平放在实验台，将活塞的橡胶圈取下，轻轻取下活塞，然后用滤纸把活塞和活塞槽擦干，用手蘸取少量凡

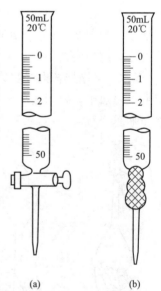

图 2-8　(a) 酸式滴定管与 (b) 碱式滴定管

士林，在活塞孔道两侧沿圆周涂上一薄层（凡士林不能涂太多，尤其孔的两侧，以免堵塞孔道）。然后把活塞塞到槽内，同一方向转动活塞，观察到是全透明状态即可（如图 2-9）。

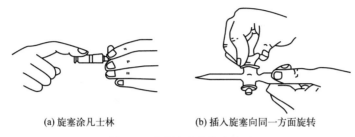

(a) 旋塞涂凡士林　　　　　　(b) 插入旋塞向同一方面旋转

图 2-9　酸式滴定管旋塞涂油

（3）检漏

将涂油后的酸式滴定管装满水至零刻度线以上，夹在滴定台上，2 min 后，检查是否有漏液渗水情况；活塞旋转 $180°$，继续放置 2 min，检查是否有漏液渗水情况；若有渗水情况，重复步骤（2），直至不漏。

（4）洗涤

将活塞关紧，加入 10～15 mL 的洗涤液，慢慢将滴定管放平，用两手平握滴定管管身，并不断转动滴定管，让洗涤液和滴定管内壁充分接触。将洗涤液一部分从管口倒出，另一部分从尖嘴流出。洗涤时，先用自来水，然后用去离子水（蒸馏水）洗涤 2～3 次。

（5）润洗

用待装液润洗 3 次，操作方法同洗涤。

（6）装液

左手前三指持酸式滴定管上方无刻度处，稍倾斜，右手拿细口瓶（标签朝手心），细口瓶对准滴定管口，液体顺内壁流入，直至液体充满到零刻度以上为止。

（7）排气泡

将装满液体的滴定管固定于滴定管架上，静置，尖嘴部分有部分气泡存在，可迅速打开活塞以排除气泡，使尖嘴部分充满液体。

（8）读数

排气泡后，液面调整至零刻度或零以下（0～5 mL），稍等片刻再进行读数。读数时，将滴定管从滴定台取下，左手食指和拇指捏住滴定管零刻度以上部分，使滴定管自然垂直于地面，视线与最低弯月面相平（精确至 0.01 mL），如图 2-10。

（9）滴定

滴定时，需要左右手相互配合，做到操作自如。具体操作手法是：操作前，先调节滴定管高度，将锥形瓶放置于滴定台上，管口距滴定管尖嘴约 2～3cm。滴定操

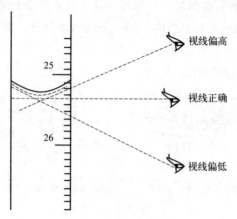

图 2-10　滴定管读数方法

作时，用左手前三指控制活塞，无名指和小指朝向手心自然弯曲（如图 2-11），右手前三指拿着锥形瓶的颈部，调整锥形瓶位置，可使得滴定管的尖嘴深入瓶口约 1 cm，左手慢慢滴加溶液，右手用腕力做同一方向的圆周运动来摇动锥形瓶，边滴加边摇动。

滴定时应注意：

① 注意右手摇动时，要同一方向做圆周运动，注意不能让瓶口接触到尖嘴的液滴。

② 左手不能旋开活塞任其自流，滴定时溶液不能流成"水线"。边滴加边注意观察锥形瓶中溶液颜色变化。

③ 开始时滴定速度可以稍快，接近终点时，要

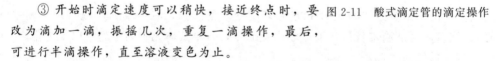

图 2-11　酸式滴定管的滴定操作

改为滴加一滴，振摇几次，重复一滴操作，最后，可进行半滴操作，直至溶液变色为止。

半滴操作方法：微微旋动活塞，使溶液悬挂在尖嘴口，形成悬而未滴的液滴，用锥形瓶内壁与尖嘴液滴接触，使悬挂的液滴沾在锥形瓶内壁，再用洗瓶的少量去离子水（蒸馏水）将其冲下。

（10）终点

锥形瓶颜色突变成另外一种颜色后，即到达终点，停止滴定。终点读数方法同前所述。

（11）归位

实验完成后，溶液不能回收，只能弃去。用自来水洗涤滴定管后，倒挂于滴定台。

2.5.2 碱式滴定管的使用

碱式滴定管的使用方法与酸式滴定管方法类似。两者不同的地方是：

（1）漏液处理方式

碱式滴定管也不能出现漏液情况，若出现漏液，可能是乳胶管老化造成的，更换乳胶管即可；也有可能是玻璃珠大小与乳胶管不匹配，更换玻璃珠即可，玻璃珠直径稍大于乳胶管的内径即可。

（2）排气泡

装满液后，把乳胶管向上弯曲，用两指挤压稍高于玻璃珠处（如图 2-12），液体从尖嘴喷出，气泡也随之而出，这时一边挤压玻璃珠，一边把乳胶管放直，等到乳胶管放直后，再松开手指，否则末端会有气泡。

（3）滴定

滴定前，先调节滴定管高度，将锥形瓶放置于滴定台上，瓶口距滴定管尖嘴约 $2\sim3$ cm。滴定时，用左手拇指和食指捏住玻璃珠（中间略微偏上位置）所在部位往一侧挤压乳胶管，使得溶液从玻璃球旁空隙流出，如图 2-13。

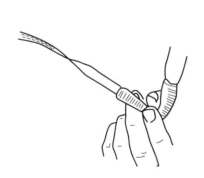

图 2-12　碱式滴定管排气泡　　　　图 2-13　碱式滴定管的滴定操作

碱式滴定管使用时应注意：

① 不要用力捏玻璃珠，也不能使玻璃珠上下移动。

② 不要捏玻璃珠下部的乳胶管。

2.6　加热

加热操作是无机化学实验中最常见的基本操作，加热方式有很多种，有直接加热、水浴加热、油浴、加热套加热等，根据实验的具体需求和实验室条件选择合适的加热工具完成实验。

2.6.1　加热工具

（1）酒精灯

酒精灯是实验室最常用的加热工具，加热温度通常在 $400\sim500$ ℃，其基本使用方法（图2-14）如下：

检查灯芯并修整：灯芯不要过紧，最好松些，灯芯不齐或烧焦，可用剪刀剪齐或把烧焦处剪掉。

添加酒精：用漏斗将酒精加入酒精灯壶中，加入量为壶容积的 $1/2 \sim 2/3$。

点燃：取下灯帽，直放在台面上，不要让其滚动，擦燃火柴，从侧面移向灯芯点燃。燃烧时火焰不发出"嘶嘶"声，并且火焰呈淡蓝色时火力较强，一般用外焰加热。

熄灭：灭火时不能用口吹灭，而要用灯帽从火焰侧面轻轻罩上，熄灭后，要把灯帽重新打开再扣上，这样可以使得灯帽内外压力平衡，方便下次打开。

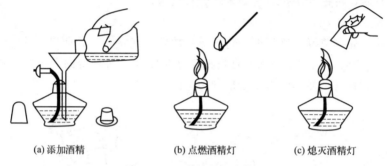

(a) 添加酒精　　　　(b) 点燃酒精灯　　　　(c) 熄灭酒精灯

图 2-14　酒精灯的基本使用

注意：熄灭酒精灯时，切不可从高处将灯帽扣下，以免损坏灯帽。灯帽和灯身是配套的，不要搞混。灯帽不合适，不但酒精会挥发，酒精还会吸水而变稀。灯口有缺损也不能用。

（2）煤气灯

煤气灯以天然气或煤气为燃料，是实验室常用的加热工具，构造如图2-15所示。使用方法如下：

关闭空气入口，先擦燃火柴，后打开煤气灯开关，将煤气灯点燃，调节空气用量，调节成正常的分层火焰。关煤气时，先关煤气阀，熄灭后，再关掉空气入口。

正常的火焰是蓝紫色分层火焰，如果出现黄色火焰，说明不完全燃烧，要加大空气进入量；如果在灯管处看不到明显火焰或者在管内有细长火焰，并常常带绿色（如灯管是铜的），并听到一种"嘶嘶"的声响，这就是侵入火焰。需要关闭煤气，重新调节。这是由于空气的进入量较大，而煤气的进入量很小或者中途

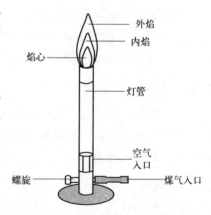

图 2-15　煤气灯的基本构造和火焰

煤气供应突然减少。

（3）恒温加热套

恒温加热套是实验室通用的一种加热仪器，可以实现由室温到 300 ℃左右的控温，不同型号的仪器，加热套控温范围有所差异。

使用时应注意：

① 使用前检查电加热套是否干净，如有污垢或杂物，需清理干净。否则会影响电加热套的加热效果和使用寿命。

② 加热时，容器底部不能有水；若有液体溢出到加热套内，要立即关闭电源，等加热套干燥后再使用，以免出现漏电或短路的情况。

新买仪器第一次使用时，套内会有白烟和异味，属于正常现象。这是由于玻璃纤维在生产过程中有油脂及其他化合物，放在通风处，几分钟后即可正常使用。

在加热过程中，注意观察温度的变化，如温度过高或过低，及时调整温度设定。

（4）电热型水浴

如果反应温度不超过 100 ℃，可以用水浴加热，电热型水浴锅有多个孔位，可以根据反应需要设置不同温度。使用方法：将电热型水浴锅放在水平的桌面上，连接电源，设置所需温度，在水浴锅内注入清水至适当的深度，一般不超过水浴锅容量的三分之二。要随时注意水浴锅内的水量，以免干烧。

油浴和水浴的加热方法类似，常用的油浴液有甘油、植物油、石蜡和硅油等。使用油浴时要特别注意，防止着火；万一遇到油浴着火，千万不要用水灭火，要用石棉布盖灭火焰即可。

实验中，根据需求不同，还有很多类型的加热仪器，如电热恒温鼓风干燥箱、马弗炉、电热板等。

2.6.2　加热方法

常用的可以直接加热的仪器有：试管、坩埚、蒸发皿、燃烧匙。其中，试管、蒸发皿是无机实验中最常用的加热仪器。

（1）试管加热

试管是可以直接在火焰上加热的，用试管夹夹试管时，试管夹应该从下往上套，夹在距离试管口约 1/3 处的位置，如图 2-16(a) 所示。

① 加热试管中液体试样时，应注意：

a. 试管应该向上倾斜，与桌面呈约 45°；

b. 先预热，再进行集中加热；

c. 不要将试管口对着别人和自己。

② 加热试管中少量固体时，应注意：

a. 试管应固定在铁夹台上或用试管夹夹住，试管口稍微向下倾斜 [图 2-16(b)]；

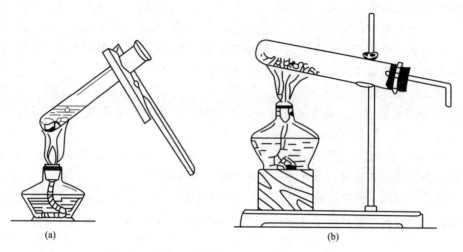

(a) (b)

图 2-16　试管中加热液体（a）和固体（b）示意图

b. 加热开始时应来回移动，对试管各部分均匀加热，然后再集中在固体部位加热。

（2）蒸发皿中加热

常见的蒸发皿有无柄和有柄两种类型，能耐高温，可以直接加热（图 2-17），也可用石棉网、水浴等间接加热。蒸发皿中液体体积不能超过其容积的三分之二。

加热时应注意：

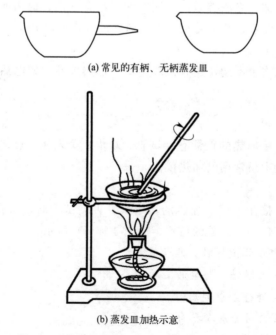

(a)常见的有柄、无柄蒸发皿

(b)蒸发皿加热示意

图 2-17　常见的蒸发皿（a）和加热示意图（b）

① 加热后不能骤冷，防止破裂。

② 加热完后，用预热过的坩埚钳取热的蒸发皿，且不能直接放到实验桌上，应放在石棉网上，以免烫坏实验桌。

2.7　过滤

过滤是实现固液分离最常用的操作方式。常用的有常压过滤、减压过滤和热过滤。

2.7.1　常压过滤

（1）滤纸选择

滤纸根据用途分为定性滤纸和定量滤纸，无机定性实验常用定性滤纸；根据滤纸空隙大小分为低速、中速和快速三种，一般细晶形沉淀和无定形沉淀用慢速滤纸，粗晶形沉淀用中速滤纸，胶体沉淀用快速滤纸；根据滤纸直径大小分类，常用的滤纸有 7 cm、9 cm、11 cm、12.5 cm 等尺寸。滤纸大小的选择与沉淀的量有关，还要和漏斗的大小相匹配。一般滤纸折叠后要低于漏斗边缘。

（2）滤纸折叠

圆形滤纸对折成半圆形，再次对折呈扇形，第二次对折不要折死，两次对折后，打开成锥体状（一边是三层，一边是一层），放在漏斗中，看滤纸上部能否和漏斗上部贴合，如果贴合得不好，可以改变折叠角度，直到能紧密贴合。然后将三层滤纸的最外层撕掉一角，为了能在过滤时更好贴合（如图 2-18）。将折好的滤纸放入漏斗时，用食指按紧三层滤纸，用去离子水（蒸馏水）润湿滤纸，轻轻按压滤纸，将漏斗上方气泡赶走，继续加水在漏斗颈部会形成液柱。

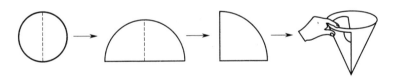

图 2-18　滤纸的折叠

（3）过滤

滤纸贴好后，放在漏斗架上，漏斗颈部较长一方紧靠烧杯内壁，将玻璃棒倾斜靠在三层滤纸一边，将装有待过滤溶液的烧杯靠在玻璃棒引流至漏斗中，漏斗中液面高度要低于滤纸边缘，溶液倾倒结束后，可以用少量水淋洗沉淀，并将淋洗液也转移到漏斗中（如图 2-19）。

注意：过滤时，漏斗颈部要紧靠在烧杯内壁，玻璃棒要紧靠在滤纸上，装有待过滤溶液的烧杯口要紧靠在倾斜的玻璃棒上。过滤操作要遵循"一贴、二低、三靠"原则。

图 2-19　常压过滤

2.7.2 减压过滤

减压过滤通过水泵（真空泵）实现较大的压强差，可以加速过滤，且使沉淀水分相对少，但对于颗粒太小的沉淀和胶状沉淀不适用。

减压过滤装置如图 2-20 所示，连接时注意布氏漏斗的斜槽口要对着抽滤瓶的支管。将滤纸（直径略小于布氏漏斗内径）放入布氏漏斗内，将滤纸平整地放在抽滤漏斗中，用少量去离子水（蒸馏水）润湿滤纸，开动水泵（真空泵），使滤纸紧贴在布氏漏斗底部，将上清液先用玻璃棒引流到漏斗中，然后转移沉淀，继续抽滤，直至观察到布氏漏斗的斜槽口不再有水滴滴落，说明已经抽干，抽滤结束，先打开安全瓶，再关闭水泵（真空泵）。滤液可从抽滤瓶上口倒出。如果不要滤液，可以不连接安全瓶，过滤结束，直接关闭水泵（真空泵）或拔下连接抽滤瓶的橡皮管。如需沉淀，用玻璃棒轻轻掀起滤纸边缘，将沉淀转移到干净的滤纸上，压干剩余的水分。

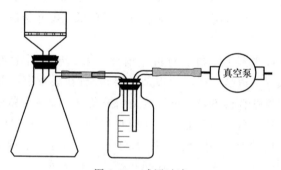

图 2-20　减压过滤

减压过滤时要注意：

① 漏斗的下端的斜槽口要对准抽滤瓶的支管；

② 抽滤时，加入量不要超过漏斗高度的 2/3；抽滤瓶中滤液的位置不能超过支管的水平位置，否则滤液将被抽出吸滤瓶。

③ 在抽滤过程中，不得突然关闭抽气泵。如欲取出滤液或停止抽滤，应先将抽滤瓶支管的橡皮管取下，再关上水泵（真空泵）。

对于强酸或强氧化性溶液，不能用普通的滤纸，需要使用砂芯抽滤漏斗，如图 2-21。

2.7.3 热过滤

在过滤时，如果溶质的溶解度随温度变化很大，温度稍微降低就会有大量溶质析出，采用热过滤法，装置如图 2-22 所示。把普通漏斗放在过滤套中，进行加热，可防止在过滤时温度降低导致在颈部析出晶体。一般会选择短颈漏斗。热过滤时使用折叠的菊花滤纸，因为这样可以充分利用滤纸的有效面积，加快过滤速度。菊花滤纸的折叠方式如图 2-23 所示，将折好的滤纸放入漏斗即可。

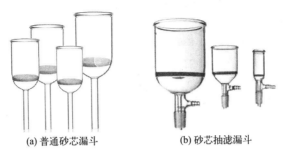

(a) 普通砂芯漏斗　　　　(b) 砂芯抽滤漏斗

图 2-21　砂芯漏斗

图 2-22　热过滤装置示意图

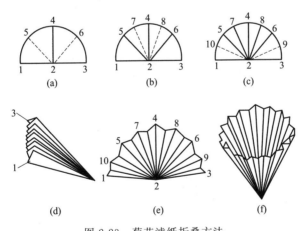

图 2-23　菊花滤纸折叠方法

2.8　蒸发

在无机化学实验中，无机合成和提纯时，往往需要将产物从溶液中分离出来，需要进行蒸发。在此过程中，溶剂不断蒸发，溶液变成过饱和溶液，固体便从溶液中结晶出来。在蒸发操作时常常需要对蒸发皿进行加热，其装置如图 2-24，也可使用水浴加热。具体操作时，若溶质随温度变化比较大，蒸发至出现晶膜停止加热，静置，晶体从溶液中析出；若溶质随温度变化比较小，蒸发至出现较多晶体后，再停止加热，静置，晶体从溶液中析出。

图 2-24　蒸发装置

2.9　称量

2.9.1　托盘天平

（1）基本构造

托盘天平的构造如图 2-25 所示。主要包括托盘、横梁、指针、刻度板、平衡螺母、游码、底座等。

（2）托盘天平的使用

① 使用前的检查

先将游码拨至游码标尺左端"0"处，观察指针摆动情况。如果指针在刻度尺的左右摆动距离几乎相等，即表示天平可以使用；如果指针在刻度的左右摆动的距离相差很大，则应将调节零点的螺丝加以调节后方可使用。

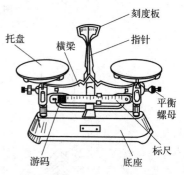

图 2-25　托盘天平

② 物品称量

a. 称量的物品放在左盘，砝码放在右盘；

b. 先加大砝码，再加小砝码，最后（在 10 g 以内）用游码调节，直至指针在刻度尺左右两边摇摆的距离几乎相等时为止。

c. 记下砝码和游码的数值至小数点后第一位，即得所称物品的质量。

d. 称固体药品时，应在两盘内各放一张重量相仿的蜡光纸，然后用药匙将药品放在左盘的纸上（称 NaOH、KOH 等易潮解或有腐蚀性的固体时，应衬以表面皿）。称液体药品时，要用已称过质量的容器盛放药品，称法同前（注意：不能称量热的物体）。

③ 称量结束

称量后，把砝码放回砝码盒中，将游码退到刻度"0"处，取下盘上的物品。天平应保持清洁，如果不小心把药品洒在托盘上，必须立刻清理。

2. 9. 2　电子天平

（1）基本结构及称量原理

电子天平是根据电磁力平衡原理直接称量，全量程无需砝码。放上称量物后，在几秒钟内即达到平衡，显示读数，称量速度快、精度高。电子天平的支撑点用弹簧片取代机械天平的玛瑙刀口，用差动变压器取代升降枢装置，用数字显示代替指针刻度式。因而，电子天平具有使用寿命长、性能稳定、操作简便和灵敏度高的特点。此外，电子天平还具有自动校正、自动去皮、超载指示、故障报警等功能以及具有质量电信号输出功能，且可与打印机、计算机联用，进一步扩展其功能，如统计称量的最大值、最小值、平均值及标准偏差等。尽管电子天平价格较贵，但由于其具有托盘天平无法比拟的优点，越来越广泛地应用于各个领域并逐步取代托盘天平。

随着现代科学技术的不断发展，电子天平产品的结构设计一直在不断改进，向着功能多、平衡快、体积小、质量轻和操作简便的趋势发展。但就其基本结构和称量原理而言，各种型号的电子天平都是大同小异的。

常见电子天平的结构是机电结合式的，核心部分由载荷接受与传递装置、载荷测量及补偿控制装置两部分组成。常见电子天平的基本结构及称量原理如图 2-26 所示。

载荷接受与传递装置由称量盘、盘支撑、平行导杆等部件组成，它是接受被称物和传递载荷的机械部件。平行导杆是由上下两个三角形导向杆形成一个空间的平行四边形（从侧面看）结构，以维持称量盘在载荷改变时进行垂直运动，并可避免称量盘倾倒。

载荷测量及补偿控制装置是对载荷进行测量，并通过传感器、转换器及相应的电路进行补偿和控制的部件单元。该装置是机电结合式的，既有机械部分，又有电子部分，包括示位器、补偿线圈、电力转换器的永久磁铁，以及控制电路等部分。

电子装置能记忆加载前示位器的平衡位置。所谓"自动调零"就是能记忆和识别预先调定的平衡位置，并能自动保持这一位置。称量盘上载荷的任何变化都会被示位器察觉并立即向控制单元发出信号。当称量盘上加载后，示位器发生位移并导致补偿线圈接通电流，线圈内就产生垂直的力，这种作用于称量盘上的外力使示位器准确地回到原来的平衡位置。载荷越大，线圈中通过电流的时间越长，通过电流的时间间隔是由通过平衡位置扫描的可变增益放大器来调节的，而且这种时间间隔与称量盘上所加载荷成正比。整个称量过程均由微处理器进行计算和调控。这样，当称量盘上加载后，即接通了补偿线圈的电流，计算器就开始计算冲击脉冲，达到平衡后，就自动显示出载荷的质量值。

目前的电子天平多数为上皿式（即顶部加载式），悬盘式已很少见，内校式（标准砝码预装在天平内，触动校准键后由马达自动加码并进行校准）多于外校式（附带标准砝码，校准时夹到称量盘上），使用非常方便。

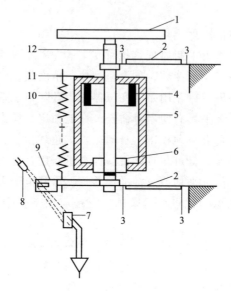

图 2-26　电子天平的基本结构及称量原理示意图

1—称量盘；2—平行导杆；3—挠性支撑簧片；4—线性绕组；5—永久磁铁；6—截流线圈；

7—接受二极管；8—发光二极管；9—光闸；10—预载弹簧；11—双金属片；12—盘支撑

（2）电子天平的使用

尽管电子天平种类繁多，但其使用方法大同小异，具体操作可参考各仪器的使用说明书。下面以上海天平仪器厂生产的 FA1604 型电子天平（图 2-27）为例，简要介绍电子天平的使用方法。

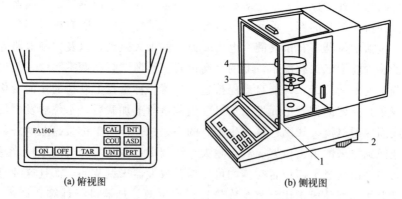

(a) 俯视图　　　　　　　　(b) 侧视图

图 2-27　FA1604 型电子天平外形

1—水平仪；2—水平调节脚；3—盘托；4—称量盘

ON—开启显示器键；OFF—关闭显示器键；TAR—清零、去皮键；CAL—校准键；INT—积分时间调整键；

COU—点数功能键；ASD—灵敏度调整键；UNT—量值转换键；PRT—输出模式设定键

使用要求：

① 水平调节。观察水平仪，如水平仪水泡偏移，需调整水平调节脚，使水泡位于水平仪中心。

② 预热。接通电源，预热至规定时间后，开启显示器进行操作。

③ 开启显示器。轻按 ON 键，显示器全亮，约 2 s 后，显示天平的型号，然后是称量模式 0.0000 g。读数时应关上天平门。

④ 天平基本模式的选定。天平通常为"通常情况"模式，并具有断电记忆功能。使用时若改为其他模式，使用后一经按 OFF 键，天平即恢复通常情况模式。称量单位的设置等可按说明书进行操作。

⑤ 校准。天平安装后，第一次使用前，应进行校准。因存放时间较长、位置移动、环境变化或未获得精确测量，天平在使用前也应进行校准操作。本天平采用外校准（有的电子天平具有内校准功能），由 TAR 键清零及 CAL 键、100 g 校准砝码完成。

⑥ 称量。按 TAR 键，显示为"0.0000 g"后，置称量物于秤盘上，待数字稳定即显示器左下角的"0"标志消失后，即可读出称量物的质量值。

⑦ 去皮称量。按 TAR 键清零，置容器于秤盘上，天平显示容器质量，再按 TAR 键，显示"0.0000 g"，即去除皮重。再置称量物于容器中，或将称量物（粉末状物或液体）逐步加入容器中直至达到所需质量，待显示器左下角"0"消失，这时显示的是称量物的净质量。将秤盘上的所有物品拿开后，天平显示负值，按 TAR 键，天平显示 0.0000 g。若称量过程中秤盘上的总质量超过最大载荷（FA1604 型电子天平为 160 g）时，天平仅显示上部线段，此时应立即减小载荷。

⑧ 称量结束后，关闭显示器，切断电源。若短时间内（例如 2 h 内）还使用天平（或其他人还使用天平），可不必切断电源，再用时可省去预热时间。若当天不再使用天平，应拔下电源插头。

2. 10　药品的称量方法

常用的称量方法有直接称量法、固定质量称量法和递减称量法，现分别介绍如下。

2. 10. 1　直接称量法

直接称量法是将称量物直接放在天平盘上直接称量物体的质量。例如，称量小烧杯的质量，容量器皿校正中称量某容量瓶的质量，重量分析实验中称量某坩埚的质量等，都使用这种称量法。

2. 10. 2　固定质量称量法

固定质量称量法又称增量法，此法用于称量某一固定质量的试剂（如基准物质）或试样。这种称量操作的速度很慢，适于称量不易吸潮、在空气中能稳定存在的粉末状或小颗粒（最小颗粒应小于 0.1 mg，以便容易调节其质量）样品。固定

质量称量法如图 2-28 所示。注意：若不慎加入试剂
超过指定质量，用牛角匙取出多余试剂。重复上述操
作，直至试剂质量符合指定要求为止。取出的多余试
剂应弃去，不要放回原试剂瓶中。操作时不能将试剂
撒落于天平盘等容器以外的地方，称好的试剂必须定
量地由表面皿等容器直接转入接受容器，此即所谓
"定量转移"。

图 2-28　固定质量称样

2.10.3　递减称量法

递减称量法又称减量法，此法用于称量一定质量范围的样品或试剂。在称量过
程中样品易吸水、易氧化或易与 CO_2 等反应时，可选此法。由于称取试样的质
量是两次称量之差，故也称差减法。称量步骤如下：

从干燥器中用纸带（或纸片）夹住称量瓶后取出称量瓶（注意：不要让手指直
接触及称量瓶和瓶盖），用纸片夹住称量瓶盖柄，打开瓶盖，用牛角匙加入适量试
样，盖上瓶盖。如需要称取 0.2~0.3 g 某试样，将上述称量瓶置于电子天平的秤
盘上，关好天平门，称出称量瓶加试样后的准确质量（也可按清零键，使其显示
0.0000 g），记为 m_1。然后将称量瓶从天平上取出，在接收容器的上方倾斜瓶身，
用称量瓶盖轻敲瓶口正上部（图 2-29），使试样慢慢落入容器中，瓶盖始终不要离
开接受器上方。当倾出的试样接近所需量（可从体积上估计或试重得知）时，一边
继续用瓶盖轻敲瓶口，一边逐渐将瓶身竖直，使沾附在瓶口上的试样落回称量瓶，
然后盖好瓶盖，将称量瓶放回天平秤盘，准确称取其质量，记为 m_2，则称取的试
样的质量即为 m_1-m_2。按上述方法连续递减，可称量多份试样。有时一次很难
得到合乎质量范围要求的试样，可重复上述称量操作 1~2 次。

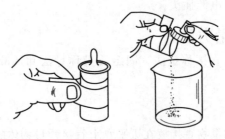

图 2-29　递减称量

2.11　酸度计的使用

2.11.1　酸度计的基本构成和原理

酸度计是一种常用的仪器设备，主要用于测量液体中的氢离子浓度，得出酸
性、中性还是碱性的溶液，其主要应用于环保、污水处理、医药、化工等领域。
pH 计的全量程为 0~14，pH=7 为中性，pH<7 为酸性，pH 值接近 0 为强酸性，

pH>7 为碱性，pH 值接近 14 为强碱性。

　　酸度计是用电势法来测量 pH 值的，酸度计的核心部件是 pH 电极，也称为 pH 传感器。它通常由玻璃膜、参比电极和连接导线组成。玻璃膜对氢离子敏感，能够产生电位差；参比电极则提供一个稳定的电位参考；连接导线则负责将电极与测量仪器连接起来。其基本原理是：将一个连有内参比电极的指示电极和一个外参比电极同时浸入某一待测溶液中而形成原电池，在一定温度下产生一个内外参比电极之间的电池电动势。这个电动势与溶液中氢离子活度有关，而与其他离子的存在基本没有关系。当 pH 电极浸入待测溶液中时，产生的电位差信号会被传输到酸度计中。酸度计内部电路会对这一信号进行放大、转换和处理，最终将 pH 值以数字或模拟信号的形式显示出来。目前实验室中常常把连有内参比电极的指示电极和外参比电极复合在一起构成复合电极。复合 pH 电极的基本结构如图 2-30 所示。其中玻璃薄膜球主要是由具有 H^+ 交换功能的锂玻璃熔制而成；内/外参比电极多为 Ag/AgCl 电极或饱和甘汞电极；内参比溶液为 pH 稳定的缓冲溶液或者高浓度的强酸溶液，如 0.1 mol/L 的 HCl 溶液；外参比溶液常为饱和氯化钾溶液或 KCl 凝胶电解质。

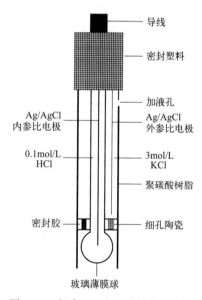

图 2-30　复合 pH 电极的结构示意图

2.11.2　酸度计的使用

　　使用酸度计的一般步骤包括开机与预热、电极准备与清洗、电极的校准、测量与记录、关机等。

　　开机与预热：在使用酸度计前，应先打开电源开关，让仪器预热一段时间（通常为 30 min），以确保内部电路和传感器达到稳定的工作状态。

电极准备与清洗：pH 电极头使用前需用纯水冲洗，用吸水纸吸干水分，不要用纸摩擦电极球泡。

电极的校准：校准包括一点校准、两点校准、三点校准三种模式。实际实验中一般采用两点就可以满足要求，如果对其要求很高，才考虑三点。有些仪器能校正三点，有模式可选，可直接用该模式。有些没有的，一般是采用两点校对，即校对两次，即需要用两种标准缓冲液进行校准。具体操作如下：

① 将"pH-mV"开关拨到 pH 位置；

② 一般先以 pH＝6.86 或 pH＝7.00 的标准溶液进行"定位"校准，然后根据测试溶液的酸碱情况，选用 pH＝4.00（酸性）或 pH＝9.18 和 pH＝10.01（碱性）缓冲溶液进行"斜率"校正。具体操作包括将清洗后的电极浸入 pH＝6.86 或 pH＝7.00 标准溶液中，仪器温度补偿旋钮置于溶液温度处。待示值稳定后，调节定位旋钮使仪器示值为标准溶液的 pH 值；取出电极洗净擦干，浸入第二种标准溶液中。待示值稳定后，调节仪器斜率旋钮，使仪器示值为第二种标准溶液的 pH 值；取出电极洗净擦干，再浸入 pH＝6.86 或 pH＝7.00 缓冲溶液中。如果误差超过 0.02 pH，则重复步骤①，直至在第二种标准溶液中不需要调节旋钮便能显示正确 pH 值。

测量与记录：取出电极洗净擦干，将 pH 温度补偿旋钮调节至样品溶液温度，将电极浸入样品溶液，晃动后静止放置，显示稳定后读数，记录。

关机：测试完毕，关闭电源，清洗电极，把电极护瓶（内含 3 mol/L KCl 溶液）套在电极上。

注意：仪器在使用前必须进行校准，如果仪器不关机，可以连续测定，一旦关机就要校准。但超过 12 h 即使不关机也必须校准一次。

第3章 基础实验

实验 1 氯化钠提纯

【实验目的】

1. 掌握粗盐提纯的原理和方法。

2. 掌握加热、过滤、蒸发、结晶、干燥等基本操作。

3. 熟悉 SO_4^{2-}、Ca^{2+}、Mg^{2+} 等离子鉴别方法。

【实验原理】

粗盐中常含有泥沙等不溶性杂质和 SO_4^{2-}、Ca^{2+}、Mg^{2+}、K^+ 等可溶性杂质。不溶性杂质可以通过过滤的方法除去，可溶性杂质可以选择加入适当的试剂使其转化为难溶物除去。通常先向溶解的食盐水中加入 $BaCl_2$ 溶液除去 SO_4^{2-}，离子方程式为：

$$Ba^{2+} + SO_4^{2-} =\!=\!= BaSO_4$$

然后依次向溶液中加入饱和 Na_2CO_3、$NaOH$，除去 Ca^{2+}、Mg^{2+} 和过量的 Ba^{2+}，离子方程式为：

$$Ca^{2+} + CO_3^{2-} =\!=\!= CaCO_3 \downarrow$$

$$Mg^{2+} + 2OH^- + CO_3^{2-} =\!=\!= Mg(OH)_2CO_3 \downarrow$$

$$Ba^{2+} + CO_3^{2-} =\!=\!= BaCO_3 \downarrow$$

溶液中过量的 $NaOH$ 和 Na_2CO_3 用盐酸中和。最后剩余的 K^+，利用高温时 KCl 的溶解度比 $NaCl$ 的溶解度大的特点，将溶液蒸发浓缩待 $NaCl$ 晶体析出，趁热过滤，将 KCl 留在母液，达到分离 K^+ 的目的。KCl 和 $NaCl$ 的溶解度如表 3-1 所示。

表 3-1 KCl 和 NaCl 随温度变化的溶解度

温度/℃	0	10	20	30	40	50	60	70	80	90	100
NaCl 溶解度/(g/100g)	35.7	35.8	36.0	36.3	36.6	37	37.3	37.8	38.4	39	39.8
KCl 溶解度/(g/100g)	27.6	31.0	34.0	37.0	40.0	42.6	45.5	48.3	51.1	54	56.7

【实验用品】

1. 仪器

电子天平（$d=0.1$）烧杯（100 mL），量筒（25 mL，50 mL），布氏漏斗，抽

滤瓶，蒸发皿，试管，循环水泵，pH 试纸，酒精灯。

2. 试剂与药品

粗食盐，$BaCl_2$（1 mol/L），饱和 Na_2CO_3 溶液，HCl（1 mol/L，6 mol/L），NaOH（2 mol/L），HAc（1 mol/L），饱和（NH_4）$_2C_2O_4$ 溶液，乙醇，镁试剂。

【实验内容】

1. 溶解

称取 10 g 粗食盐于 100 mL 烧杯中，加入 40 mL 蒸馏水，加热搅拌使其溶解，过滤除去不溶性杂质，得澄清溶液。

2. 除杂

（1）除 SO_4^{2-}

将上述溶液加热至沸时，边搅拌边滴加 1 mol/L $BaCl_2$ 溶液，与溶液中的 SO_4^{2-} 形成沉淀。为检验 SO_4^{2-} 沉淀是否完全，取下烧杯，待沉淀沉降后取上清液，向上清液中滴加 1～2 滴 1 mol/L 的 $BaCl_2$ 溶液，若溶液浑浊，表示 SO_4^{2-} 尚未除尽，需继续加 $BaCl_2$ 溶液除去剩余的 SO_4^{2-}；若溶液未见浑浊，表示 SO_4^{2-} 已除尽。沉淀完全后，继续煮沸 1 min，使 $BaSO_4$ 的颗粒长大，有利于沉降和缩短过滤时间。

（2）除 Ca^{2+} 和过量 Ba^{2+}

将（1）的溶液继续加热，搅拌下逐滴加饱和 Na_2CO_3 溶液，加热至沸。取下烧杯静置待沉淀沉降后，取上清液滴加饱和 Na_2CO_3 溶液，检查有无沉淀生成。若出现浑浊，表示 Ba^{2+}、Ca^{2+} 未除尽，需继续滴加饱和 Na_2CO_3 溶液，直至 Ba^{2+}、Ca^{2+} 除尽。

（3）除 Mg^{2+}

接着向（2）的溶液中滴加 2 mol/L NaOH 溶液，加热至沸。取下烧杯静置待沉淀沉降后，取上清液滴加 NaOH 溶液，检查有无沉淀生成。若出现浑浊，表示 Mg^{2+} 未除尽，需继续滴加 NaOH 溶液，直至 Mg^{2+} 除尽。检验后，继续加热煮沸 1 min，过滤，弃去沉淀，滤液倒入蒸发皿中。

（4）除过量的 CO_3^{2-} 和 OH^-

往上述滤液中滴加 1 mol/L 的 HCl，边滴边搅拌，用 pH 试纸测定溶液 pH 值，调节溶液 pH 值为 4～5，去除溶液中过量的 CO_3^{2-} 和 OH^-。

3. 浓缩、结晶

将蒸发皿放在铁架台上，用酒精灯加热，边加热边搅拌，待溶液呈稀粥状（切不可将溶液蒸干），趁热减压过滤。将得到的 NaCl 晶体转移回蒸发皿中，小火加热炒干，边加热边搅动，以免结块。冷却，称量，计算产率，将得到的精盐放入指定容器回收。

4. 产品纯度检验

为比较提纯产品和粗盐中杂质含量，称取提纯后的产品和粗盐各 1 g，分别溶于 5 mL 蒸馏水，然后转移至 2 支小试管，将每支小试管中溶液分成三组，对照检验它们的纯度，现象记录于表 3-2。

（1）SO_4^{2-} 的检验：

在第一组溶液中分别加入 2 滴 6mol/L 的 HCl 溶液、3～5 滴 1mol/L 的 $BaCl_2$ 溶液。若有白色沉淀，证明存在 SO_4^{2-}。记录结果，进行比较。

（2）Ca^{2+} 的检验

在第二组溶液中分别加入 2 滴 1mol/L 的 HAc 溶液、3～5 滴饱和 $(NH_4)_2C_2O_4$ 溶液，若有白色 CaC_2O_4 沉淀，证明存在 Ca^{2+}。记录结果，进行比较。

（3）Mg^{2+} 的检验

在第三组溶液中分别加入 3～5 滴 2mol/L 的 NaOH 溶液和几滴镁试剂，若有天蓝色沉淀，证明存在 Mg^{2+}。记录结果，进行比较。

表 3-2　产品纯度定性检验现象记录表

产品	加 $BaCl_2$ 溶液	加饱和$(NH_4)_2C_2O_4$ 溶液	加 NaOH 溶液和几滴镁试剂
粗盐			
精盐			

【思考题】

1. 本实验中除 SO_4^{2-}、Ca^{2+}、Mg^{2+} 的顺序是否可以颠倒？

2. 提纯后的溶液结晶浓缩时，能否将溶液蒸干？

3. 能否用 $CaCl_2$ 代替毒性较大的 $BaCl_2$ 来除去粗盐中的 SO_4^{2-}？

4. 在检验 SO_4^{2-} 时，为什么要加入盐酸溶液？

5. 在检验 Ca^{2+} 时，为什么要加入 HAc 溶液？

实验 2 由废铁屑制备莫尔盐

【实验目的】

1. 了解复盐硫酸亚铁铵的特性，掌握复盐硫酸亚铁铵的制备方法。

2. 掌握水浴加热、蒸发、浓缩、结晶及抽滤等基本操作。

3. 掌握目视比色法检验产品杂质含量的方法，了解无机物的投料和产率的关系。

【实验原理】

莫尔盐的化学组成为硫酸亚铁铵，分子式为 $(NH_4)_2SO_4 \cdot FeSO_4 \cdot 6H_2O$，它是由 $(NH_4)_2SO_4$ 与 $FeSO_4$ 按 1∶1 结合而成的复盐。莫尔盐为浅绿色单斜晶体，易溶于水，难溶于乙醇，不易被空气氧化，定量分析中常用于配制 Fe^{2+} 的标准溶液。相关溶解度见表 3-3。

表 3-3 硫酸亚铁、硫酸铵和硫酸亚铁铵的溶解度

温度/℃		0	10	20	30	40	50
溶解度 /(g/100g)	$FeSO_4$	15.6	20.5	26.5	32.9	40.2	48.6
	$(NH_4)_2SO_4$	70.6	73.0	75.4	78.0	81.0	84.5
	$(NH_4)_2SO_4 \cdot FeSO_4 \cdot 6H_2O$	12.5	17.2	21.6	28.1	33.0	40.0

该实验首先通过铁屑与稀硫酸反应制得硫酸亚铁，反应方程式为：

$$Fe + H_2SO_4(过量) = FeSO_4 + H_2 \uparrow$$

硫酸亚铁有三种水合物，$FeSO_4 \cdot 7H_2O$、$FeSO_4 \cdot 4H_2O$ 和 $FeSO_4 \cdot H_2O$，溶解度如表 3-4 所示：

表 3-4 硫酸亚铁水合物在不同温度下的溶解度

温度/℃	0	10	20	30	40	50	57	60	65	70	80	90
溶解度/(g/100g)	13.6	17.2	20.8	24.7	28.6	32.6	35.3	35.5	35.7	35.9	34.4	27.2
水合物	$FeSO_4 \cdot 7H_2O$						$FeSO_4 \cdot 4H_2O$			$FeSO_4 \cdot H_2O$		

硫酸亚铁的三种水合物在水溶液中可以相互转变，转变温度为

$$FeSO_4 \cdot 7H_2O \xrightarrow{57℃} FeSO_4 \cdot 4H_2O \xrightarrow{65℃} FeSO_4 \cdot H_2O$$

虽然三种化合物的相互转变是可逆的，在冷却过程中 $FeSO_4 \cdot H_2O$ 可逐步转变为 $FeSO_4 \cdot 7H_2O$，但速率较慢。因此，为了防止溶解度较小的 $FeSO_4 \cdot H_2O$ 析出，在金属与酸的作用过程中温度不宜过高。然后，向得到的硫酸亚铁溶液中加入硫酸铵，蒸发浓缩，冷却结晶，即可得到硫酸亚铁晶体，反应方程式为

$$FeSO_4 + (NH_4)_2SO_4 + 6H_2O = (NH_4)_2SO_4 \cdot FeSO_4 \cdot 6H_2O$$

最终得到的硫酸亚铁铵的主要杂质是 Fe^{3+}，可利用 Fe^{3+} 与硫氰化钾（KSCN）形成血红色配位离子 $[Fe(SCN)_n]^{3-n}$ 的深浅来目视比色，评定纯度级别。当红色较深时，产品中 Fe^{3+} 较多；红色较浅时，产品中 Fe^{3+} 较少。因此，用所得的硫酸亚铁铵与 KSCN 溶液在比色管中配成待测液，将其与含一定量 Fe^{3+} 的 $[Fe(SCN)]^{2+}$ 标准溶液进行比色，根据红色的深浅程度即可知待测液中 Fe^{3+} 含量，从而可确定产品的等级。

【实验用品】

1. 仪器

烧杯，锥形瓶，量筒，水浴锅，表面皿，布氏漏斗，抽滤瓶，循环水泵，比色管（25 mL），pH 试纸，酒精灯，电子天平（$d=0.1$）。

2. 试剂与药品

铁屑，Na_2CO_3 溶液，$(NH_4)_2SO_4$（s），H_2SO_4（3 mol/L），KSCN（25%），Fe^{3+} 标准溶液（0.1000 g/L），乙醇（95%）。

【实验内容】

1. 硫酸亚铁的制备

（1）废铁去油污

称取 2.0 g 废铁置于小烧杯中，加入碳酸钠溶液煮沸数分钟后，弃去溶液，用去离子水将铁屑洗净。

（2）硫酸亚铁制备

向盛有 2.0 g 铁屑的烧杯中，加入 15 mL 3 mol/L 的 H_2SO_4，盖上表面皿，置于石棉网上，用酒精灯小火加热，直至溶液中不再有绵密小气泡产生，溶液变成浅绿色。加热反应过程中，水分不断蒸发，为了避免生成的硫酸亚铁析出，可以少量补充水分，用 pH 试纸监测溶液的 pH 值，反应过程中要保持溶液 $pH \leqslant 1$。反应结束后，加水至溶液体积约为 30 mL，趁热过滤，用蒸发皿承接滤液。用 3 mL 蒸馏水洗涤滤渣。将留在滤纸上的残渣取出，用滤纸吸干后称量。根据已作用的铁屑质量，粗略计算 $FeSO_4$ 的理论产量。

2. 硫酸亚铁铵的制备

按 $n[(NH_4)_2SO_4] : n(FeSO_4) = 1:1$ 的比例称取 $(NH_4)_2SO_4$，并加入盛有过滤的硫酸亚铁溶液的蒸发皿中，搅拌使 $(NH_4)_2SO_4$ 溶解。在澄清溶液中加入 H_2SO_4 调节 pH 为 1～2，水浴加热浓缩至溶液表面刚出现薄层晶膜，停止加热，静置、冷却，有硫酸亚铁铵晶体析出。待溶液冷却至室温，减压抽滤，并用少量无水乙醇洗涤晶体，取出晶体，观察晶体颜色，将晶体置于两张滤纸之间轻压吸干母液，称重，计算产率。

$$产率 = \frac{实际产量}{理论产量} \times 100\%$$

注意事项：

① 铁屑与硫酸反应时，由于铁屑中含有杂质，在反应过程中会有少量的有毒气体产生，最好在通风橱中进行实验。

② 水浴加热时间较长，若要想缩短蒸发浓缩时间，可以提前准备好开水作为水浴的热水；也可不用水浴，将蒸发皿置于石棉网上用酒精灯小火加热，切记必须小火，加热至出现晶膜停止加热。

3. 产品纯度检验

（1）标准溶液的配制

取 0.50 mL 0.1000 g/L 的 Fe^{3+} 标准溶液于 25 mL 比色管中，加入 2 mL 3 mol/L 的 HCl 和 1 mL 25％的 KSCN 溶液，用去离子水稀释至刻度，配制成标准溶液（含 Fe^{3+} 0.05 mg/g，即质量分数为 0.005％）。

同样，分别取 1.00 mL 和 2.00 mL 的 Fe^{3+} 标准溶液配制成相当于二级和三级试剂的标准溶液（分别含 Fe^{3+} 0.10 mg/g、0.20 mg/g，即质量分数分别为 0.010％、0.020％）。

（2）产品级别的确定

称取 1.0 g 自制的硫酸亚铁于 25 mL 比色管中，加入 15 mL 无氧的去离子水使之溶解，加入 2 mL 3 mol/L 的 H_2SO_4 溶液和 1 mL 25％的 KSCN 溶液，用去离子水稀释至刻度，摇匀，与标准溶液比色，确定产品等级。

【思考题】

1. 在 $FeSO_4$ 的制备过程中，所得溶液为什么要趁热过滤？

2. 为什么制备硫酸亚铁铵晶体时，溶液必须呈酸性？蒸发浓缩时是否需要搅拌？

3. 能否将最后产物直接放在蒸发皿中加热干燥？

4. 为什么在检验产品等级时要用不含氧的去离子水？

实验 3　工业硫酸铜的提纯

【实验目的】

1. 学习利用分步沉淀对物质进行分离提纯。
2. 练习称量、溶解、调节溶液 pH 值。
3. 掌握加热、蒸发浓缩结晶、沉淀洗涤、过滤等分离的基本操作。

【实验原理】

粗硫酸铜晶体中的杂质主要是 Fe^{3+}、Fe^{2+} 及一些可溶性杂质如 Na^+ 等。直接对硫酸铜重结晶，蒸发浓缩硫酸铜溶液时，Fe^{2+} 容易被氧化为 Fe^{3+}，而 Fe^{3+} 易水解为 $Fe(OH)_3$ 沉淀，混入硫酸铜晶体中。若 Fe^{3+}、Fe^{2+} 含量较多时，可先用过氧化氢将 Fe^{2+} 氧化为 Fe^{3+}，再调节溶液 pH，使 Fe^{3+} 水解生成 $Fe(OH)_3$ 沉淀，通过过滤除去。

$$2Fe^{2+}+H_2O_2+2H^+=\!=\!=\!2Fe^{3+}+2H_2O$$

因为 $Fe(OH)_3$ 的 $K_{sp}=4.0\times10^{-38}$，$Cu(OH)_2$ 的 $K_{sp}=2.2\times10^{-20}$，一般当 $[Fe^{3+}]$ 降到 $10^{-5}\,mol/L$ 时，认为 Fe^{3+} 已除尽，此时

$$[OH^-]=\sqrt[3]{\frac{K_{sp,Fe(OH)_3}}{[Fe^{3+}]}}=\sqrt[3]{\frac{4\times10^{-38}}{10^{-5}}}=10^{-10.47}(mol/L)$$

即 $Fe(OH)_3$ 沉淀完全时，溶液 pH 为 3.53。此时允许 Cu^{2+} 的量为：

$$[Cu^{2+}]=\frac{K_{sp,Cu(OH)_2}}{[OH^-]^2}=\frac{2.2\times10^{-20}}{(10^{-10.47})^2}=19.2(mol/L)$$

这远大于 $CuSO_4\cdot5H_2O$ 溶解度，因此 $Fe(OH)_3$ 沉淀完全时 Cu^{2+} 不会沉淀。Cu^{2+} 与 $Fe^{2+}[K_{sp,Fe(OH)_2}=8.0\times10^{-16}]$ 从理论计算角度似乎也可以用分步沉淀分离，但是这会导致 Cu^{2+} 共沉淀严重，达不到分离的效果。因此本实验先将 Fe^{2+} 在酸性介质中用 H_2O_2 氧化成 Fe^{3+}，然后控制溶液 pH 在 3.5 左右一次分步沉淀分离，实现 Fe^{3+} 与 Cu^{2+} 分离的目的。用 H_2O_2 做氧化剂的优点是不引入其他杂质离子，多余的 H_2O_2 可以利用热分解除去。

因晶体溶解度随温度降低而降低，热的饱和溶液冷却时，$CuSO_4\cdot5H_2O$ 先以结晶析出，其他易溶性杂质由于溶液没有达到饱和，仍然留在母液中，通过过滤可以将易溶性杂质分离。

【实验用品】

1. 仪器

电子天平（$d=0.1$），烧杯，玻璃棒，洗瓶，铁架台，漏斗，石棉网，酒精灯，布氏漏斗，滤纸，抽滤瓶，循环水泵，pH 试纸，蒸发皿，量筒，比色管，硫酸铜回收缸。

2. 试剂与药品

粗硫酸铜固体，H_2O_2（10%），H_2SO_4（1 mol/L），NaOH（1 mol/L）。

【实验内容】

1. 称量和溶解

称取粗硫酸铜 10 g 放入已经洗净的 100 mL 烧杯中，用量筒量取 40 mL 去离子水加入上述烧杯中，同时向烧杯中加入 2 mL 1 mol/L 的硫酸溶液。然后将烧杯置于石棉网上边加热边搅拌至 70～80℃ 促其溶解，待晶体完全溶解时，停止加热。

2. 氧化、沉淀和过滤

向溶液中滴加 2 mL 10% 的 H_2O_2，反应完成后，加热至无气泡产生，可认为过量的 H_2O_2 分解完全。稍冷却，边搅拌边滴加 1 mol/L 的 NaOH 溶液，直至溶液的 pH≈3.5～4（用 pH 试纸检测），再加热片刻，使生成的 $Fe(OH)_3$ 沉淀加速凝聚，取下烧杯静置，使红棕色 $Fe(OH)_3$ 沉淀沉降，常压过滤。先将静置后的上清液转移至漏斗中，用蒸发皿接收滤液，再用少量（不超过 5 mL）去离子水洗涤沉淀 1 次，将洗涤液转移至漏斗中过滤，残留在烧杯的沉淀可弃去。

3. 蒸发浓缩和结晶

用 1 mol/L 的 H_2SO_4 将硫酸铜滤液的 pH 值调至 1～2，然后置于石棉网上加热蒸发浓缩（勿加热过猛以免液体飞溅），小心搅拌加快蒸发速度。近沸腾时改小火加热，直至溶液表面刚出现薄层结晶时，立即停止加热（注意：不可蒸干）；让蒸发皿自然冷却至室温，慢慢析出硫酸铜晶体。

4. 减压过滤

待蒸发皿温度达到室温时，将晶体与母液全部转入已经装好滤纸的布氏漏斗中进行抽滤，用玻璃棒将晶体均匀地铺满滤纸，并轻轻地压紧晶体，尽可能除去晶体间夹带的母液。停止减压过滤时先拔去抽滤瓶支管上的橡胶管，然后关闭抽滤泵开关。取出晶体，把它摊在两张滤纸之间，用手指在滤纸上轻压以吸干其中剩余母液。将抽滤瓶中的母液倒入硫酸铜回收瓶中。

5. 称重

称量吸干的硫酸铜晶体的质量，计算产率。

【思考题】

1. 硫酸铜溶解时为什么要加入硫酸？

2. 除铁时为什么把溶液 pH 调至 3.5～4，蒸发浓缩前又把 pH 调至 1～2？

3. $Cl_2(aq)$、Br_2、$KMnO_4$、$K_2Cr_2O_7$ 等均可将 Fe^{2+} 氧化为 Fe^{3+}，本实验为什么选择 H_2O_2？

实验 4　硝酸钾的制备及提纯

【实验目的】

1. 了解转化法制备硝酸钾的原理和步骤。

2. 掌握热过滤、蒸发浓缩、结晶、重结晶的一般原理和操作方法。

【实验原理】

在无机盐类的制备中，难溶性盐的制备较为容易，而可溶性盐的制备则可根据不同盐类的溶解度差异以及温度对物质溶解度影响的不同来进行。

本实验以 $NaNO_3$ 和 KCl 为原料，通过转化法制备 KNO_3。在 $NaNO_3$ 和 KCl 的混合溶液中，同时存在 Na^+、K^+、Cl^- 和 NO_3^- 四种离子，也同时存在着由上述离子组成的四种盐，反应方程式为：

$$NaNO_3 + KCl \Longleftrightarrow NaCl + KNO_3$$

上述反应可逆，理论上无法利用其制取较纯净的 KNO_3 晶体。但实际上，由于反应体系中四种盐在不同温度下具有不同的溶解度，可以通过控制反应条件，最终制备和提纯 KNO_3。四种盐在不同温度下的溶解度（g/100 g 水）如表 3-5 所示。

表 3-5　KNO_3、KCl、$NaNO_3$、$NaCl$ 在不同温度下的溶解度

单位：g/100 g 水

温度/℃	0	10	20	30	40	60	80	100
KNO_3	13.3	29.9	31.6	45.8	63.0	110.9	160.0	246.0
KCl	27.6	31.0	34.0	37.0	40.0	45.5	51.1	56.7
$NaNO_3$	73.0	80.0	88.0	96.0	104.0	124.0	148.0	180.0
$NaCl$	35.7	35.8	36.0	36.0	36.6	37.3	38.4	39.8

由表 3-5 数据可知，室温时，除 $NaNO_3$ 外，其他三种盐的溶解度都相近，不能使 KNO_3 晶体析出，但随着温度升高，KNO_3 溶解度急剧增大，而 $NaCl$ 溶解度几乎不变。因此只需将 $NaNO_3$ 和 KCl 的混合溶液加热，可使 $NaCl$ 结晶析出，从而达到分离 $NaCl$ 与 KNO_3 的目的。当结晶 $NaCl$ 后的溶液逐步冷却时，KNO_3 又可结晶析出，从而得到 KNO_3 粗品。粗品中混有可溶性盐的杂质，可采取重结晶的方法提纯。

【实验用品】

1. 仪器

托盘天平（$d = 0.1$），烧杯（50 mL），量筒（25 mL），布氏漏斗，抽滤瓶，蒸发皿，试管，循环水泵。

2. 试剂与药品

$NaNO_3$(s)，KCl(s)，饱和 KNO_3 溶液，$AgNO_3$（0.1 mol/L）。

【实验内容】

1. KNO₃ 粗产品的制备

称取 8.5 g NaNO₃ 和 7.5 g KCl 于 50 mL 烧杯中，加入 15 mL 蒸馏水，记下液面位置。小火加热，使固体完全溶解。继续蒸发至原体积的 2/3，有晶体 A 逐渐析出。趁热过滤，滤液中有晶体 B 析出。

另取 8 mL 蒸馏水加入滤液，使晶体 B 重新溶解，并将溶液转移至烧杯中，继续蒸发浓缩至原体积的 2/3。静置，冷却，待结晶重新析出，再进行减压过滤。用饱和 KNO₃ 溶液洗涤晶体，抽滤，称量，计算产率。

2. KNO₃ 的提纯

KNO₃ 粗品通过重结晶法提纯。保留 0.5 g KNO₃ 粗品供纯度检验，将其余产品按照 KNO₃ 和 H₂O 的质量比为 2∶1 溶于蒸馏水。加热，搅拌，使溶液刚刚沸腾即停止加热。冷却至室温，抽滤，并用少量饱和 KNO₃ 溶液洗涤晶体。称量，计算产率。

3. 产品纯度的检验

分别称取 0.1 g KNO₃ 粗品和重结晶产品于两支试管中，各加入 2 mL 蒸馏水溶解。在溶液中分别加入 2 滴 0.1 mol/L AgNO₃ 溶液，观察现象，比较粗品与重结晶产品的纯度。

【思考题】

1. 根据实验中四种盐溶解度的数据，粗略绘制四种盐的溶解度曲线（横坐标为温度，纵坐标为溶解度）。

2. 制备 KNO₃ 过程中，为何每次都要蒸发浓缩至原体积的 2/3？蒸发过多或过少对实验结果有何影响？

3. 根据 NH₄NO₃ 和 KCl 的溶解度数据，设计出以 NH₄NO₃ 和 KCl 为原料，制备 KNO₃ 的简要实验方案。

4. 制备硝酸钾晶体时，为什么要加热溶液并进行热过滤？

5. 在"KNO₃ 粗产品的制备"步骤中，析出的晶体 A、B 各为何物质？

6. 为什么要用 KNO₃ 饱和溶液洗涤实验所制备的 KNO₃ 粗品？

7. KNO₃ 粗品中混有的可溶性杂质是什么？如何除去？

8. 重结晶时 KNO₃ 与 H₂O 的比例为 2∶1，依据是什么？

实验 5　醋酸解离平衡常数的测定

【实验目的】

1. 掌握弱电解质解离平衡常数的测定方法。

2. 掌握 pH 计的使用方法，了解电位法测定醋酸解离常数的原理和方法。

3. 掌握容量瓶、吸量管的使用方法，练习配制溶液。

【实验原理】

1. 直接测定法

醋酸（CH_3COOH 或简写 HAc）是弱电解质，在水中存在解离平衡：

$$HAc \Longrightarrow H^+ + Ac^-$$

初始浓度　　　　　　　　　　c_0　　　　0　　　0

平衡浓度　　　　　　　　　　$c_0 - x$　　x　　　x

$$K_a = \frac{[H^+][Ac^-]}{[HAc]} = \frac{x^2}{c_0 - x}$$

一定温度下，当醋酸达到解离平衡时，用酸度计（pH 计）测定不同初始浓度的醋酸溶液 pH 值，根据 $pH = -\lg[H^+]$ 计算出 $[H^+]$，代入上述公式便可计算出该温度下的 K_a 值，这种方法就称为直接测定法。

2. 缓冲溶液法

缓冲溶液能在一定程度上抵消、减轻外加强酸、强碱或稀释作用对溶液酸碱度的影响，从而保持溶液的 pH 值相对稳定。比如一定浓度的 HAc 和 NaAc 混合溶液可构成缓冲溶液。HAc 和 NaAc 缓冲溶液存在以下平衡：

$$HAc \Longrightarrow H^+ + Ac^-$$

初始浓度　　　　　　c_a　　　　0　　　c_b

平衡浓度　　　　　　$c_a - x$　　x　　　$c_b + x$

由于同离子效应，醋酸的解离平衡受到抑制作用。可认为 $c_a - x \approx c_a$，$c_b + x \approx c_b$，则

$$K_a = \frac{[H^+][Ac^-]}{[HAc]} = [H^+]\frac{c_b}{c_a}$$

量取两份相同体积、相同浓度的 HAc 溶液，其中一份滴加 NaOH 溶液至恰好中和（以酚酞为指示剂），即按化学计量比正好生成醋酸钠，然后加入另一份醋酸溶液，即得到等浓度的 HAc-NaAc 缓冲溶液，测定等浓度 HAc 和 NaAc 缓冲溶液 pH 值即得到 pK_a，这种方法称为缓冲溶液法。

【实验用品】

1. 仪器

pH 计，容量瓶（50.00 mL），吸量管（10.00 mL），移液管（25.00 mL）。

2. 试剂与药品

标准缓冲溶液（pH＝4.00、pH＝6.86），准确浓度的 HAc 溶液（0.2000 mol/L），NaOH 溶液（0.5 mol/L），酚酞指示剂（0.1%）。

【实验内容】

1. 直接法

（1）准确配制系列已知浓度的醋酸溶液

将 4 个 50.00 mL 容量瓶编号 1～4，按表 3-6 用吸量管分别准确吸取 2.50 mL、5.00 mL、10.00 mL 和移液管移取 25.00 mL 已知浓度的醋酸标准溶液（0.2000 mol/L）于对应的 50.00 mL 容量瓶中，加去离子水稀释，定容，摇匀，分别计算出各溶液的准确浓度，记录数据。

（2）醋酸溶液的 pH 值测定

准备 4 只洁净干燥的小烧杯，编号 1～4，分别取上述 4 种浓度的 HAc 溶液约 30 mL，用 pH 计由稀到浓分别测定 1～4 号醋酸溶液的 pH 值，并记录数据。

（3）数据计算及处理

根据公式 $K_a=\dfrac{[H^+][Ac^-]}{[HAc]}$ 计算出不同浓度醋酸溶液的 K_a。并与解离度数据进行比较，说明浓度对解离度的影响。

表 3-6　测定的数据记录和计算结果

室温 $T=$＿＿℃　　　　标准 HAc 溶液浓度：＿＿＿mol/L

序号	V_{HAc} /mL	c_{HAc} /(mol/L)	pH	$[H^+]$ /(mol/L)	电离度 α	K_a	K_a 平均值
1	2.50						
2	5.00						
3	10.00						
4	25.00						

2. 缓冲溶液法

（1）配制四种不同浓度的醋酸-醋酸钠缓冲溶液

参考直接法第（1）步制备四种不同浓度的醋酸溶液。

（2）配制醋酸-醋酸钠缓冲溶液

用吸量管吸取 10.00 mL 上述编号 1 的 HAc 溶液于烧杯中，滴加 1 滴酚酞溶液，然后用胶头滴管滴加氢氧化钠溶液至溶液变粉红色，半分钟不褪色，即等量醋酸钠生成。再用吸量管吸取 10.00 mL 上述编号 1 的 HAc 溶液，与上述醋酸钠溶液混合均匀，配制成等浓度的 HAc-NaAc 缓冲溶液。

重复上述步骤，配制编号 2～4 醋酸溶液对应的等浓度缓冲溶液。

（3）测定缓冲溶液 pH 值

　　用 pH 计测定醋酸-醋酸钠缓冲溶液的 pH 值，并记录数据于表 3-7。重复上述步骤完成其他三组等浓度的缓冲溶液 pH 测量。

表 3-7　测定缓冲溶液的数据记录和计算结果

室温 $T=$ ____ ℃

序号	c_{HAc}/(mol/L)	pH	$[H^+]$/(mol/L)	K_a	K_a 平均值
1					
2					
3					
4					

【思考题】

　　1. 在测定不同浓度醋酸溶液的 pH 值时，测定的顺序按照由稀到浓或是由浓到稀，结果有何不同？

　　2. 解离常数与解离度是否都受醋酸浓度变化的影响？

　　3. 用缓冲溶液法测定时，如何操作才能实现缓冲溶液中 $[HAc]=[Ac^-]$？

　　4. 分析本实验误差产生的可能原因及注意事项。

实验 6　理想气体常数 R 的测定

【实验目的】

1. 掌握一种测定理想气体常数 R 的方法（置换法）。
2. 熟悉理想气体状态方程和分压定律。
3. 练习量气管测定气体体积的操作和气压计的使用。
4. 了解误差产生的原因，初步掌握有效数字的概念和运算规则。

【实验原理】

理想气体是研究气体性质的一个物理模型。通常状况下，只要实际气体的压强不是很大、温度不是很低就可以近似地当成理想气体来处理，即高温、低压条件下。许多实际气体很接近理想气体，理想气体模型是解决实际气体问题的一种有效方式。

理想气体状态方程通常写成：

$$pV = nRT$$

在国际单位制中，理想气体常数 R 为 8.314 J/(mol·K)。

理想气体常数 R 的测定可基于置换反应：

$$Mg + H_2SO_4(过量) \\!=\\!=\\!= MgSO_4 + H_2 \uparrow$$

在一定的温度、压力下，金属镁与过量的稀硫酸反应置换出氢气，测出氢气体积和压力代入理想气体状态方程，即可求得理想气体常数 R。

$$R = \frac{p_{H_2} V_{H_2}}{n_{H_2} T}$$

式中，n_{H_2} 可由镁条质量和镁的摩尔质量（24.305g/mol）求得，氢气的体积 V_{H_2} 和分压 p_{H_2} 需借助排水法量气装置测定。

根据连续流体的伯努利方程可知，当静止流体的液面保持高度一致时，两侧气压相等 $p_左 = p_右$。量气装置的左侧包括排水法收集的氢气和水蒸气，右侧对应大气压力，从而推出：

$$p_{H_2} + p_{H_2O} = p_{大气压}$$

一定温度下，p_{H_2O} 可查数据手册（附录 1），$p_{大气压}$ 可由气压计测出，代入公式即可求出 p_{H_2}。因此，p_{H_2}、V_{H_2}、n_{H_2}、T 均可由实验测得，代入理想气体状态方程即求得理想气体常数 R。

利用此法也可测定某些金属的原子量、分析某些活泼金属（如锌铝合金）的组成。

【实验用品】

1. 仪器

电子天平（$d = 0.0001$），排水法集气装置，气压计，温度计，砂纸。

2. 药品与试剂

镁条，硫酸（2 mol/L）。

【实验内容】

1. 搭建装置

按图 3-1 所示，搭建好量气装置。橡胶管两头连接水平管（漏斗）和量气管，从水平管注入自来水到量气管中。调整漏斗和量气管的相对位置，使量气管内液面略低于 0.00 mL 位置。固定相对位置后，取下上水平管（漏斗）下移动，以赶尽附着在橡胶管和量气管内壁的气泡，最后连接反应管，并确定连接处的橡胶塞塞紧。

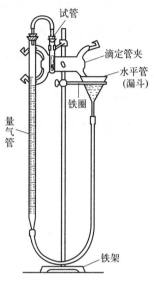

图 3-1　理想气体常数
R 的测定装置

2. 检查气密性

将水平管（漏斗）上移或下移一定高度，使漏斗的水面略高于或低于量气管水面，并稳定在一个位置，观察量气管液面，若液面只是在开始时有轻微下降或上升，并维持与水平管的液面差，表明装置不漏气。如果两液面缓慢或迅速达到水平，则说明装置漏气。此过程须经历 3～5 min 以上才能判断。

若装置出现漏气，检查各连接口处是否严密，橡胶管是否老化等，经检查消除漏点，再重复检查气密性操作，直至确保不漏气为止。

3. 称量镁条

先用砂纸打磨镁条表面，直至完全光亮，用电子天平准确称量表面已打磨光亮的镁条三份，每份质量在 0.0250～0.0350 g 范围。用称量纸将称量好的镁条包好，防止氧化，记录对应的质量数据，注意有效数字的保留。

4. 加入反应物

反应前准备：基于镁条的质量，量取约 1.5 倍理论量的 2 mol/L H_2SO_4 溶液。取下反应管将 H_2SO_4 溶液注入反应管底部，切勿沾到反应管内壁。随后稍稍倾斜反应管，将已称重的镁条用一滴甘油或者水，贴放在反应管中上部（反应前镁条切勿与酸液接触）。装好反应管，塞紧橡胶塞。再次按步骤 2 检查密封性。

记录初始体积读数：若不漏气，将水平管（漏斗）移至量气管的右侧，使两者液面保持同一水平，记录量气管初始液面的体积读数。为防止反应产生气体的体积超出量气管量程，初始体积确保在 0～5 mL。

5. 化学反应

本步骤主要是准确测量产生氢气的体积。将反应管底部略微抬高（切勿使管口橡皮塞松动），使镁条与 H_2SO_4 溶液接触，放回反应管，镁条落入反应管底部，镁条与 H_2SO_4 溶液反应剧烈，产生的氢气迅速进入量气管，量气管内压力增大，量气管液面会明显降低。为避免量气管内气压过大造成漏气，可将水平管（漏斗）往下移动，使两液面大体保持在同一水平面，降低管内压力。

6. 记录终点读数

镁条与 H_2SO_4 溶液反应完毕后，待反应管冷却至室温，将漏斗与量气管的液面处于同一水平，记下反应终点的液面读数。稍等 $2\sim3\min$，再进行一次读数，若两次读数相差不超过 $0.1\ mL$，表明管内气体温度与室温一致，终点读数可靠。

7. 整理数据并计算

记录实验室室温 T、气压计读取的室内大气压 p 和室温下的水的饱和蒸气压 p_{H_2O}（见附录 1）。

另外两份镁条重复上述实验步骤，记录数据于表 3-8。

表 3-8　数据记录及处理

实验序号　　项目	1	2	3
T/K			
大气压 p/Pa			
水的饱和蒸气压 p_{H_2O}/Pa			
氢气压强 p_{H_2}/Pa			
镁条的质量 m/g			
体积初始读数 $V_{初始}/mL$			
体积终点读数 $V_{终点}/mL$			
$V_{H_2}/mL=V_{终点}-V_{初始}$			
理想气体常数 $R/(J/mol \cdot K)$			
绝对误差 E_a			
相对误差 $E_a < 3\%$			

【思考题】

1. 为什么镁条的质量应在 $0.0250\sim0.0350\ g$，过多或过少可能有什么影响？

2. 为什么量气管初始液面一般应小于 $5\ mL$？

3. 在反应前将水平管（或漏斗）降低有什么作用？

4. 如何判断反应管是否冷却至室温，如果冷却时间过短，结果会偏高还是偏低？

实验 7　化学反应速率及活化能测定

【实验目的】

1. 掌握过二硫酸铵氧化碘化钾的反应速率测定方法。练习水浴中的恒温操作，并求算一定温度下的反应速率。

2. 掌握浓度、温度和催化剂对化学反应速率的影响，加深对活化能的理解。

3. 练习实验数据作图求反应级数和活化能的方法。

【实验原理】

1. 反应速率的测定

在水溶液中，过二硫酸铵与碘化钾发生如下反应：

$$(NH_4)_2S_2O_8 + 3KI = (NH_4)_2SO_4 + K_2SO_4 + KI_3$$

反应的离子方程式为：

$$S_2O_8^{2-} + 3I^- = 2SO_4^{2-} + I_3^- \tag{1}$$

该反应的平均反应速率 $\bar{v}$ 与反应物浓度的关系可用下式表示：

$$\bar{v} = -\frac{\Delta c_{S_2O_8^{2-}}}{\Delta t} \approx k c_{S_2O_8^{2-}}^{\alpha} c_{I^-}^{\beta}$$

式中：$\bar{v}$ —— 反应的平均速率；

$\Delta c_{S_2O_8^{2-}}$ —— $S_2O_8^{2-}$ 在 Δt 时间内物质的量浓度的改变值；

k —— 反应的反应速率常数；

α、β —— 反应物 $S_2O_8^{2-}$ 和 I^- 的反应级数。

为了能够测定 $\Delta c_{S_2O_8^{2-}}$，在混合 $(NH_4)_2S_2O_8$ 和 KI 溶液时，加入一定体积且已知浓度的 $Na_2S_2O_3$ 溶液及淀粉指示剂溶液。

反应 (1) 进行的同时，也进行着反应 (2)：

$$2S_2O_3^- + I_3^- = S_4O_6^{2-} + 3I^- \tag{2}$$

由于反应 (1) 速率慢，反应 (2) 速率非常快，在反应开始阶段，反应 (1) 生成的 I_3^- 被反应 (2) 迅速消耗，观察不到 I_3^- 与淀粉指示剂作用显示出特有的蓝色。随着反应持续进行，反应 (2) 的 $Na_2S_2O_3$ 耗尽时，反应 (1) 继续生成的微量 I_3^-，将立即与淀粉指示剂溶液显示特有的蓝色，指示已知浓度的 $Na_2S_2O_3$ 正好反应完全。

根据已知的 $\Delta c_{Na_2S_2O_3}$ 即可算出消耗的 $\Delta c_{S_2O_8^{2-}}$：

$$\Delta c_{S_2O_8^{2-}} = \Delta c_{I_3^-} = \frac{\Delta c_{S_2O_3^{2-}}}{2}$$

结合反应开始到淀粉指示剂变蓝的时间 Δt，代入反应速率方程即算出反应速率 $\bar{v}$。

2. 反应级数 α、β 及反应速率常数 k 的测定

根据反应速率方程：

$$\overline{v}=-\frac{\Delta c_{S_2O_8^{2-}}}{\Delta t}\approx kc_{S_2O_8^{2-}}^{\alpha}c_{I^-}^{\beta}$$

两侧同时取对数得到下列方程：

$$\ln\overline{v}=\ln k+\alpha\ln c_{S_2O_8^{2-}}+\beta\ln c_{I^-}$$

当反应温度 T 一定时（k 不变），如果 $c_{S_2O_8^{2-}}$ 不变，则：

$$\ln\overline{v}=\beta\ln c_{I^-}+C_1$$

c_{I^-} 与反应速率 $\overline{v}$ 之间呈直线关系，作图直线斜率即为反应级数 β。

当反应温度 T 一定时（k 不变），如果 c_{I^-} 不变，则：

$$\ln\overline{v}=\alpha\ln c_{S_2O_8^{2-}}+C_2$$

$c_{S_2O_8^{2-}}$ 与反应速率 $\overline{v}$ 之间呈直线关系，作图直线斜率即为反应级数 α。

反应速率常数 k 可通过数据代入下式计算：

$$k=\frac{\overline{v}}{c_{S_2O_8^{2-}}^{\alpha}c_{I^-}^{\beta}}$$

3. 活化能的测定

根据阿伦尼乌斯定律，反应速率常数 k 与反应温度 T 有如下关系：

$$\ln k=\frac{-E_a}{RT}+\ln A$$

式中　E_a——反应的活化能，kJ/mol；

　　　R——理想气体常数，8.314 J/(mol·K)；

　　　T——热力学温度，K。

测不同温度的 k 值，以 $\ln k$ 对 $1/T$ 作图可得一直线，由直线的斜率 $-\dfrac{E_a}{R}$ 求得反应的活化能 E_a。

【实验用品】

1. 仪器

烧杯，大试管，秒表，温度计（273～373 K），量筒，反应管，吸量管，容量瓶，恒温冷却槽。

2. 试剂与药品

$(NH_4)_2S_2O_8$ 溶液（0.20 mol/L），$Na_2S_2O_3$ 溶液（0.010 mol/L），$(NH_4)_2SO_4$ 溶液（0.20 mol/L），KI溶液（0.20 mol/L），KNO_3 溶液（0.20 mol/L），淀粉溶液（质量分数0.2%），$Cu(NO_3)_2$ 溶液（0.02 mol/L）。

【实验内容】

1. 浓度对反应速率的影响

室温下，按编号 1（如表 3-9）的用量分别量取 $Na_2S_2O_3$ 溶液、KI 溶液、淀粉溶液于 150 mL 烧杯中，用玻璃棒搅拌均匀。再量取 $(NH_4)_2S_2O_8$ 溶液，迅速加到烧杯中，同时按动秒表，立刻用玻璃棒将溶液搅拌均匀。观察溶液颜色，刚一出现蓝色，立即停止计时，记录反应时间 Δt。

① $(NH_4)_2S_2O_8$ 浓度的影响：

用上述操作进行编号 2、3 实验。与编号 1 相比，实验编号 2、3 减少了 $(NH_4)_2S_2O_8$ 的量，为了保持溶液的离子强度和总体积不变，用 $(NH_4)_2SO_4$ 溶液补充相应的量。

② KI 浓度的影响：

用上述操作进行编号 4、5 实验。与编号 1 相比，编号 4、5 中减少了 KI 的量，为了保持溶液的离子强度和总体积不变，在编号 4、5 中用 KNO_3 溶液补充相应的量。

表 3-9　反应物浓度对反应速率的影响

	实验编号	1	2	3	4	5
试剂用量/mL	0.20 mol/L $(NH_4)_2S_2O_8$	20	10	5	20	20
	0.010 mol/L $Na_2S_2O_3$	8	8	8	8	8
	0.20 mol/L KI	20	20	20	10	5
	0.20 mol/L KNO_3	—	—	—	10	15
	0.20 mol/L $(NH_4)_2SO_4$	—	10	15	—	—
	0.2%（质量分数）淀粉溶液	4	4	4	4	4
各反应物起始浓度 /(mol/L)	$(NH_4)_2S_2O_8$					
	KI					
	$Na_2S_2O_3$					
反应时间 $\Delta t/s$						
反应平均时间 $\Delta t/s$						
$S_2O_8^{2-}$ 的浓度变化 $\Delta c_{S_2O_8^{2-}} = \frac{1}{2}\Delta c_{S_2O_3^{2-}}/(mol/L)$						
反应速率 $v/[mol/(L \cdot s)]$						
反应级数			$\alpha =$		$\beta =$	
反应速率常数 k						

2. 温度对反应速率的影响

按编号 4（表 3-9）的用量分别加入 $Na_2S_2O_3$ 溶液、KI 溶液、淀粉溶液和

KNO$_3$ 溶液于 150 mL 烧杯中,搅拌均匀。在一个大试管中加入 $(NH_4)_2S_2O_8$ 溶液,将烧杯和试管中的溶液控制温度在 283 K,把试管中的 $(NH_4)_2S_2O_8$ 迅速倒入烧杯中,同时按动秒表,立刻用玻璃棒将溶液搅拌均匀。观察溶液颜色,刚一出现蓝色,立即停止计时,记录反应时间 Δt 于表 3-10。

分别在 293 K、303 K 和 313 K 的条件下重复上述实验,记录反应时间和温度于表 3-10 中。

表 3-10　温度对反应速率的影响

实验编号	6	7	8	9
反应温度 T/K	283	293	303	313
反应时间 $\Delta t/s$				
反应速率 $v/[mol/(L \cdot s)]$				

3. 催化剂对反应速率的影响

按编号 4（表 3-9）的用量分别加入 Na$_2$S$_2$O$_3$ 溶液、KI 溶液、淀粉溶液和 KNO$_3$ 溶液于 150 mL 烧杯中,再加入 2 滴 0.020 mol/L Cu(NO$_3$)$_2$ 溶液,搅拌均匀。再量取 $(NH_4)_2S_2O_8$ 溶液,迅速加到烧杯中,同时按动秒表,立刻用玻璃棒将溶液搅拌均匀。观察溶液颜色,刚一出现蓝色,立即停止计时,记录反应时间 Δt 于表 3-11。

表 3-11　催化剂对反应速率的影响

实验编号	10(无催化剂)	11(有催化剂)
反应时间 $\Delta t/s$		
反应速率 $v/[mol/(L \cdot s)]$		

4. 计算反应活化能 E_a

根据表 3-10 不同温度下的反应速率,计算出不同温度下的反应速率常数 k 列于下表,以 $\ln k$ 对 $1/T$ 作图,通过直线的斜率求出反应的活化能 E_a,记录于表 3-12。

表 3-12　求反应的活化能

实验编号	6	7	8	9
反应温度 T/K	283	293	303	313
反应速率 $v/[mol/(L \cdot s)]$				
反应速率常数 $\ln k$				

【思考题】

1. 在实验中加入各种溶液的操作有何要求（加入顺序、方式和体积度量的准确度等）,对结果有何影响?

2. 在加入$(NH_4)_2S_2O_8$时，先计时后搅拌或者先搅拌后计时对实验结果各有何影响？计时操作要注意什么？

3. 当溶液出现蓝色后，反应是否全部终止？

4. 若不用$(NH_4)_2S_2O_8$浓度变化表示反应速率，而是用I_3^-或I^-浓度变化，速率常数是否一样？

实验 8   沉淀溶解平衡

【实验目的】

1. 了解沉淀的生成、溶解和转化的条件。
2. 掌握沉淀平衡、同离子效应以及溶度积原理。
3. 学习离子分离操作和同离子效应和电动离心机的使用。

【实验原理】

1. 沉淀的生成和溶解

在多相离子平衡体系中难溶电解质的多相离子平衡及其移动：

$$A_n B_m(s) \rightleftharpoons n A^{m+}(aq) + m B^{n-}(aq)$$

$$K_{sp}^{\ominus}(A_n B_m) = [c(A^{m+})]^n [c(B^{n-})]^m$$

设难溶电解质各相应离子浓度幂的乘积（即离子积）为：

$$J = [c(A^{m+})]^n [c(B^{n-})]^m$$

根据溶度积可以判断沉淀的生成和溶解：

当 $J > K_{sp}^{\ominus}$，溶液过饱和，有沉淀生成；

当 $J = K_{sp}^{\ominus}$，溶液为饱和溶液；

当 $J < K_{sp}^{\ominus}$，溶液未饱和，无沉淀生成或沉淀溶解。

2. 分步沉淀

同一溶液中，两种或两种以上离子都能与同一沉淀剂反应，反应中呈现不同的先后次序的现象叫分步沉淀。沉淀的先后次序取决于所需沉淀剂离子浓度的大小，需要沉淀剂离子浓度小的先沉淀，需要沉淀剂离子浓度大的后沉淀。同类型的难溶电解质，当被沉淀离子浓度相同时，K_{sp} 越小的越先被沉淀出来；不同类型难溶电解质或者被沉淀离子浓度不同时，则不能比较 K_{sp}，要具体计算根据溶度积规则才能判断沉淀顺序。两种离子沉淀完全分开的条件：先沉淀的离子浓度满足 $c \leqslant 10^{-5} \, mol \cdot L^{-1}$ 时，另一种离子才开始沉淀。

3. 沉淀的转化

根据平衡移动原理，一般来说溶解度较大的难溶电解质容易转化为溶解度较小难溶电解质。对于类型相同的难溶电解质，也可以利用溶度积的相对大小判断沉淀能否转化，溶度积相差越大，沉淀转化得越完全。

【实验用品】

1. 仪器

离心机，胶头滴管，玻璃棒，量筒，烧杯，试管，酒精灯，离心试管等。

2. 试剂与药品

$Pb(NO_3)_2$（0.1 mol/L），KI（0.1mol/L），KCl（1 mol/L，0.1mol/L，0.01

mol/L)MgSO$_4$(0.1 mol/L)，NH$_3$·H$_2$O（2 mol/L），NH$_4$Cl 固体，CuSO$_4$（0.1 mol/L），CdSO$_4$（0.1 mol/L），Na$_2$S（0.1 mol/L），AgNO$_3$（0.1 mol/L），NaCl（0.1 mol/L），K$_2$CrO$_4$（0.1 mol/L），Na$_2$SO$_4$ 晶体（或饱和 Na$_2$SO$_4$ 溶液），HCl（2 mol/L），HNO$_3$（6 mol/L），酚酞，去离子水等。

【实验内容】

1. 沉淀的生成和溶解

（1）沉淀的生成

在三支试管中各加入 5 滴 0.1 mol/L Pb(NO$_3$)$_2$ 溶液，然后向其中一支试管加入 5 滴 1 mol/L KCl 溶液并振荡，在第二支试管加入 5 滴 0.1 mol/L KCl 溶液并振荡，在第三支试管中滴加 5 滴 0.01 mol/L KCl 溶液并振荡，观察有无沉淀生成。通过计算解释实验现象。计算时应注意体积增大对离子浓度的影响。

（2）沉淀溶解

① 在一支试管中加 10 滴 0.1 mol/L MgSO$_4$ 溶液，逐滴加入 2 mol/L NH$_3$·H$_2$O，观察沉淀的生成，写出离子反应方程式。加入 1 滴酚酞，观察颜色，再向此溶液中加入少量 NH$_4$Cl 固体，振荡，观察溶液颜色及沉淀的变化，解释变化的原因。

② 在一支试管中加入 5 滴 0.1 mol/L Pb(NO$_3$)$_2$ 溶液，然后向其中加入 5 滴 0.1 mol/L K$_2$CrO$_4$ 溶液并振荡，记录实验现象。离心分离后弃去清液，在沉淀中加入 6 mol/L HNO$_3$ 溶液并充分振荡至沉淀完全溶解，解释实验现象。

③ 同离子效应

取 2 滴 PbCl$_2$（饱和）溶液于一试管中，加 1 滴 2 mol/L HCl 溶液，观察实验现象并解释。

④ 盐效应

自行制取含少量 PbCl$_2$ 沉淀（注意其量一定要少）的溶液于一试管中，加入固体硝酸钾，充分振荡，观察实验现象并解释。

2. 分步沉淀

在离心试管中加入 5 滴 0.1 mol/L CuSO$_4$ 和 5 滴 0.1 mol/L CdSO$_4$ 溶液，再加 10 滴去离子水，搅拌均匀。逐滴加入 0.1 mol/L Na$_2$S 溶液（注意每加 1 滴 Na$_2$S 均要搅拌均匀），观察生成沉淀的颜色。当加入 5 滴 Na$_2$S 后，离心分离。再在清液中加 1 滴 0.1 mol/L Na$_2$S，观察生成沉淀的颜色。若此时生成仍是土色沉淀，则充分搅拌，再离心分离一次，操作直至清液中加 1 滴 Na$_2$S 溶液，出现纯黄色沉淀为止。记录所加 Na$_2$S 的总滴数。

注：CuS 呈黑色，CdS 呈黄色，实验中观察到的土色是黑色与黄色的混合色，加强搅拌可以减少 CuS 中混有的 CdS。

3. 沉淀转化

① 在一支试管中加入 5 滴 0.1 mol/L Pb(NO$_3$)$_2$ 溶液与 10 滴 0.1 mol/L NaCl

溶液并振荡，有白色沉淀产生，离心分离，弃去清液，向沉淀中滴加 0.1 mol/L KI 溶液并振荡，至沉淀转变为黄色，离心分离后去除上层清液并将沉淀稀释至 0.5 mL，然后向其中加入少量 Na_2SO_4 晶体（或饱和 Na_2SO_4 溶液）并充分振荡，使沉淀转化为白色沉淀，离心分离，弃去清液，再向其中滴加 0.1 mol/L K_2CrO_4 溶液至沉淀变黄色，离心分离，弃去清液，最后向上述沉淀中滴加 0.1 mol/L Na_2S 溶液，沉淀转变为黑色，解释上述变化过程。

② 设计 AgCl 与 Ag_2CrO_4 沉淀间的转化，证实沉淀转化反应的方向是溶解度大的沉淀转化成溶解度小的沉淀。给定试剂：0.1 mol/L $AgNO_3$；0.1 mol/L NaCl；0.1 mol/L K_2CrO_4。

设计前请思考并回答下列问题：

a. 计算反应 $Ag_2CrO_4(5) + 2Cl^- \rightleftharpoons 2AgCl(s) + CrO_4^{2-}$ 的平衡常数，并估计 Ag_2CrO_4 易转化为 AgCl，还是 AgCl 易转化为 Ag_2CrO_4？从平衡常数大小说明体系中有过量的 CrO_4^{2-} 对 Ag_2CrO_4 转化为 AgCl 有无影响？

b. 当 Ag_2CrO_4（砖红色）沉淀转化为 AgCl（白色）沉淀时，可观察到哪些实验现象？怎样选取 $AgNO_3$ 与 K_2CrO_4 的体积，才能保证预测的实验现象均能被观察到？

4. 离子分离

自行设计实验方案，分离混合离子 Mg^{2+}，Al^{3+}，Zn^{2+}，Ba^{2+}。

【思考题】

1. 分步沉淀的原理是什么？有什么规律？

2. 做盐效应实验时，饱和溶液中的沉淀量为什么要尽可能地少？

3. 如何正确使用离心机？

4. 混合离子中，实现离子分离的条件是什么？

实验 9　氧化还原反应

【实验目的】

1. 理解电极电势与氧化还原反应的关系。
2. 加深理解氧化态或还原态物质浓度变化对电极电势的影响。
3. 了解介质的酸碱性对氧化还原反应方向和产物的影响。

【实验原理】

物质氧化还原能力的强弱与其本性有关，一般可从电对的电极电势高低来判断。电极电势愈高，表示电对中氧化型物质的氧化能力愈强，还原型物质的还原能力愈弱；电极电势愈低，表示电对中还原型物质的还原能力愈强，氧化态型物质的氧化能力愈弱。根据氧化剂和还原剂所对应电对电极电势的相对大小，一般可以判断氧化还原反应进行的方向、次序和程度。氧化剂所对应电对的电极电势与还原剂所对应电对的电极电势之差亦即电动势为 $E_{MF} = E(氧化剂) - E(还原剂)$，当

$$E_{MF} > 0 \ 反应能自发进行$$
$$E_{MF} = 0 \ 反应处于平衡状态$$
$$E_{MF} < 0 \ 反应不能自发进行$$

氧化剂和还原剂所对应的电极电势相差较大时（标准电动势 $E_{MF}^{\ominus} > 0.2 \ V$），一般可以直接用标准电极电势 $E^{\ominus}$ 判断反应能否发生。若两者的标准电极电势相差不大（$E_{MF}^{\ominus} < 0.2 \ V$）时，则应考虑浓度对电极电势的影响。可通过能斯特方程计算。对于任意的电极反应：

$$p \ 氧化型物质 + Ze^- = q \ 还原型物质$$

$$E(298K) = E^{\ominus}(298K) - \frac{0.0592V}{Z} \lg \frac{c(还原型物质)^q}{c(氧化型物质)^p}$$

但是，当氧化型或还原型物质与其他试剂发生化学反应，生成了沉淀或形成配合物，则大大降低了氧化型或还原型物质的浓度，其电极电位必然发生较大改变，要通过能斯特方程式计算或查表确定其电极电势，来判断氧化还原反应进行的方向。此外，对有 H^+ 或 OH^- 参加电极反应的电对，还必须考虑 pH 对电极电势和氧化还原反应的影响，例如 $KMnO_4$，MnO_2，$K_2Cr_2O_7$ 等。

【实验用品】

1. 仪器

离心机，胶头滴管，玻璃棒，量筒，离心试管等。

2. 试剂与药品

$KI(0.1 \ mol/L)$，$FeCl_3(0.1 \ mol/L)$，$KBr(0.1 \ mol/L)$，$FeSO_4(0.1 \ mol/L)$，$KMnO_4$（$0.1 \ mol/L$），H_2O_2（$3 \ \%$），$SnCl_2$（$0.1 \ mol/L$），NH_4F（10%），

$K_3[Fe(CN)_6](0.1\ mol/L)$，$K_4[Fe(CN)_6](0.1\ mol/L)$，$AgNO_3(0.1\ mol/L)$，$Na_2SO_3(0.1\ mol/L)$，$H_2SO_4(3\ mol/L)$，$NaOH(6\ mol/L)$，$MnO_2(s)$，浓盐酸，盐酸（$1\ mol/L$），淀粉-KI试纸，$CCl_4$，去离子水等。

【实验内容】

1. 电极电势与氧化还原反应的关系

① 在试管中加入 $0.5\ mL\ 0.1\ mol/L$ KI溶液和 $2\sim3$ 滴 $0.1\ mol/L\ FeCl_3$ 溶液，观察现象。再加入 $0.5\ mL\ CCl_4$，充分振荡后观察 CCl_4 层的颜色。写出离子反应方程式。

② 用 $0.1\ mol/L$ KBr 代替 $0.1\ mol/L$ KI，进行同样的实验，观察现象。

③ 在两支试管中分别加入碘水、溴水各 $0.5\ mL$，再加入 $0.1\ mol/L\ FeSO_4$ 数滴及 $0.5\ mL\ CCl_4$，振荡后观察 CCl_4 层的颜色。写出有关反应的离子方程式。

根据①、②、③实验结果，比较 Br_2/Br^-、I_2/I^-、Fe^{3+}/Fe^{2+} 三个电对电极电势的相对大小，并指出哪个电对的氧化型物质是最强的氧化剂，哪个电对的还原型物质是最强的还原剂。说明电极电势与氧化还原反应方向的关系。

在试管中加入 4 滴 $0.1\ mol/L\ FeCl_3$ 溶液和 2 滴 $0.1\ mol/L\ KMnO_4$ 溶液，摇匀后往试管中逐滴加入 $0.1\ mol/L\ SnCl_2$ 溶液，并不断摇动试管。待 $KMnO_4$ 溶液刚褪色后，加入 1 滴 KSCN 溶液，观察现象，再继续滴加 $0.1\ mol/L\ SnCl_2$ 溶液，观察溶液颜色的变化。解释实验现象，并写出离子反应方程式。

2. 沉淀生成和配合物生成对电极电势的影响

① 在试管中加入 10 滴 $0.1\ mol/L\ FeCl_3$ 溶液和 10 滴 $0.1\ mol/L$ KI溶液，再加入 CCl_4 数滴，充分振荡后观察 CCl_4 层的颜色是否有变化，并解释为什么？

② 在试管中加入 10 滴 $0.1\ mol/L\ K_3[Fe(CN)_6]$溶液和 10 滴 $0.1\ mol/L$ KI溶液，再加入数滴 CCl_4，充分振荡后观察 CCl_4 层的颜色是否有变化，并解释为什么？

③ 在试管中加入 10 滴碘水，然后向其中逐滴滴入 $0.1\ mol/L\ K_4[Fe(CN)_6]$溶液至碘水褪色，再加入数滴 CCl_4，充分振荡后观察 CCl_4 层的颜色是否有变化，并解释为什么？

④ 在试管中加入 10 滴 $0.1\ mol/L\ AgNO_3$ 溶液和 10 滴 $0.1\ mol/L$ KI溶液，使之形成 AgI 沉淀后，加入 10 滴 $0.1\ mol/L\ FeCl_3$ 溶液和 CCl_4 数滴，充分振荡后观察 CCl_4 层的颜色是否有变化，并解释为什么？

根据①、②、③、④实验结果，试利用有关电极电势的能斯特方程解释，并归纳说明沉淀或配合物的生成对氧化还原反应的影响。

3. 浓度、酸度对氧化还原的影响

① 用 $MnO_2(s)$、浓盐酸、$1\ mol/L$ 盐酸和淀粉-KI试纸设计一组实验，验证

浓度、酸度对氧化还原反应的影响。

② 在两支试管中均加入 1 mL 0.1 mol/L $Fe_2(SO_4)_3$ 溶液及 0.5 mL CCl_4，其中一支再加入 1 mL H_2O、1 mL 0.1 mol/L KI 溶液；另一支加入 1 mL 10% NH_4F 溶液（可与 Fe^{3+} 形成难解离的 $[FeF_6]^{3-}$ 配离子）溶液、1 mL 0.1 mol/L KI 溶液，振荡后观察 CCl_4 层颜色。解释实验现象有何不同。

③ 验证介质的酸碱性对氧化还原反应产物的影响。

用 0.01 mol/L $KMnO_4$（自制）、0.1 mol/L Na_2SO_3、3 mol/L H_2SO_4、6 mol/L NaOH 溶液设计一组（三个）实验，验证 $KMnO_4$ 在不同介质（酸性、碱性、中性）被还原的产物不同。写出离子反应方程式。

4. 氧化还原的相对性

① 在离心试管中加入 0.5 mL 0.1 mol/L $Pb(NO_3)_2$ 溶液，再加入 1~2 滴 0.1 mol/L Na_2S 溶液，搅拌，观察沉淀的颜色。然后离心分离，弃取溶液，用水洗涤沉淀 1~2 次，再加入 3% H_2O_2，不断搅拌观察沉淀颜色的变化。说明 H_2O_2 在反应中起什么作用，写出离子反应方程式。

② 用 0.01 mol/L $KMnO_4$ 溶液、3 mol/L H_2SO_4 溶液、3% H_2O_2 溶液，设计一个实验验证 H_2O_2 还具有还原性，可以作为还原剂的实验，写出离子反应方程式。

【思考题】

1. 从实验 4 的结果，说明 H_2O_2 在什么情况下可作氧化剂？在何情况下可作还原剂？具有何种价态的物质，才既可作氧化剂又可作还原剂？

2. 介质的酸碱性对哪些氧化还原反应有影响？怎样影响？$KClO_3$、$K_2Cr_2O_7$ 等为什么必须在酸性介质中才有强氧化性？怎样用实验证明？

3. 常用的标准电极有标准氢电极和饱和甘汞电极，那么，饱和甘汞电极和标准甘汞电极有何区别？其电极电势分别是多少？

实验 10　三草酸合铁（Ⅲ）酸钾的制备

【实验目的】

1. 掌握三草酸合铁（Ⅲ）酸钾合成的基本原理和方法。

2. 练习直接加热和水浴加热、沉淀、倾析、沉淀洗涤、结晶、过滤等一系列基本操作。

3. 通过实验基本操作技能训练，培养学生分析问题、解决问题的能力。

【实验原理】

三草酸合铁（Ⅲ）酸钾 $K_3[Fe(C_2O_4)_3]\cdot 3H_2O$ 为翠绿色单斜晶体，易溶于水，难溶于乙醇。在 100 ℃时溶解度可达 117.7 g/100 g H_2O，但在 0 ℃左右溶解度很小，仅为 4.7 g/100 g H_2O。110 ℃下失去结晶水，230 ℃分解。该配合物对光敏感，受光照射发生分解生成草酸亚铁而变为黄色：

$$2K_3[Fe(C_2O_4)_3]\longrightarrow 3K_2C_2O_4+2FeC_2O_4+2CO_2$$

因其具有光敏性，所以常用来作为化学光量计。三草酸合铁（Ⅲ）酸钾是制备负载型活性铁催化剂的主要原料，也是一些有机反应的良好催化剂，在工业上具有一定的应用价值。

三草酸合铁（Ⅲ）酸钾合成工艺路线有多种，本实验以自制得的硫酸亚铁铵为原料，先将其与草酸反应制备草酸亚铁沉淀。其反应方程式如下：

$(NH_4)_2Fe(SO_4)_2\cdot 6H_2O + H_2C_2O_4 = FeC_2O_4\cdot 2H_2O$（s，黄色）+$(NH_4)_2SO_4+H_2SO_4+4H_2O$

然后加入过量草酸钾溶液，在弱碱介质中，用 H_2O_2 将草酸亚铁氧化为三草酸合铁（Ⅲ）酸钾，同时有氢氧化铁生成，反应方程式为：

$6FeC_2O_4\cdot 2H_2O +3H_2O_2+6K_2C_2O_4 = 4K_3[Fe(C_2O_4)_3]\cdot 3H_2O +2Fe(OH)_3(s)$

加入适量草酸可使 $Fe(OH)_3$ 转化为三草酸合铁（Ⅲ）酸钾，配位反应方程式为：

$$2Fe(OH)_3+3H_2C_2O_4+3K_2C_2O_4 = 2K_3[Fe(C_2O_4)_3]+6H_2O$$

再加入乙醇，由于三草酸合铁（Ⅲ）酸钾低温时溶解度很小，放置便会析出绿色的晶体。总反应方程式为：

$$2FeC_2O_4\cdot 2H_2O +H_2O_2+3K_2C_2O_4+H_2C_2O_4 = 2K_3[Fe(C_2O_4)_3]\cdot 3H_2O$$

【实验用品】

1. 仪器

电子天平（$d=0.1$g），磁力搅拌加热器，恒温水浴装置，温度计，胶头滴管，玻璃棒，量筒，烧杯，布氏漏斗，吸滤瓶，蒸发皿，真空水泵，滤纸，锥形瓶等。

2. 试剂与药品

$(NH_4)_2Fe(SO_4)_2\cdot 6H_2O$，草酸（1 mol/L），$H_2SO_4$（1 mol/L），饱和

$K_2C_2O_4$ 溶液，乙醇（95%），H_2O_2（3%）等。

【实验内容】

1. 草酸亚铁的制备

称取 5.0 g $(NH_4)_2Fe(SO_4)_2\cdot 6H_2O$ 固体放入 250 mL 烧杯中，加入 15 mL 去离子水和 10 滴 1 mol/L H_2SO_4（缓慢滴加）酸化，加热使其溶解。然后再加入 25 mL 1 mol/L 草酸溶液，加热搅拌溶液至沸，搅拌并维持微沸 5 min。停止加热，静置，得到黄色 $FeC_2O_4\cdot 2H_2O$ 沉淀。待其完全沉降后，用倾析法倒出上层清液，然后用温热的蒸馏水洗涤沉淀三次，弃出清液（尽可能把清液倾干净，以便去除可溶性杂质 SO_4^{2-} 等）。

2. 三草酸合铁（Ⅲ）酸钾的制备

在上述洗涤过的草酸亚铁沉淀中，加入 10 mL 饱和 $K_2C_2O_4$ 溶液，在 40 ℃ 恒温水浴箱加热，用滴管慢慢滴加 20 mL 3% 的 H_2O_2 溶液，不断搅拌溶液并保持温度在 40 ℃ 左右，此时在生成三草酸合铁（Ⅲ）酸钾的同时，有氢氧化铁沉淀生成，故沉淀转变为深棕色。反应完全后，加热溶液至沸。并搅拌煮沸 30~40 s，以除去过量的 H_2O_2。再分两次加入约 8~9 mL 1 mol/L 草酸溶液：首先一次性加入 4~5 mL，在加热时，始终保持接近沸腾温度，然后再趁热慢慢地加入剩余的 3~5 mL 草酸溶液，使沉淀完全溶解变为透明的翠绿色溶液为止。加热浓缩至溶液体积约 20 mL，冷却后，有翠绿色晶体析出。若无晶体析出，可加 10 mL 95% 乙醇溶液，在暗处放置结晶。最后，将有翠绿色晶体析出的混合液进行抽滤，用少量乙醇洗涤产品，抽干，称量，计算产率。

注意：

① 在 $FeSO_4$（硫酸亚铁铵）溶液中，加入数滴 H_2SO_4 酸化，以防 $FeSO_4$ 水解。酸性太强，不利于草酸亚铁沉淀生成。

② 掌握 H_2O_2 滴加速度。滴加太慢，反应体系中浓度太低，影响氧化效果；滴加太快，分解过多也会导致反应不完全。

③ 配位过程中应在近沸点附近逐滴加入 $H_2C_2O_4$ 且搅拌，使其充分混合，反应完全。

【思考题】

1. 制备 $FeC_2O_4\cdot 2H_2O$ 后，为什么要用少量水冲洗生成的 $FeC_2O_4\cdot 2H_2O$ 沉淀并倾去上层清液？

2. 两次加入草酸溶液的目的有何不同？第二次为什么要分次加入？草酸溶液过量后有何影响？

3. 在制备最后一步能否用蒸干的方法提高产率？产物中可能的杂质是什么？

4. 在最后的溶液中加入乙醇的作用是什么？

5. 根据三草酸合铁（Ⅲ）酸钾的性质，应如何保存它的溶液与固体？

实验 11 铬、锰、铁、钴、镍及其化合物

【实验目的】

1. 了解铬、锰、铁、钴、镍的各种重要价态化合物的生成和性质。

2. 了解铬、锰、铁、钴、镍各种价态之间的转化。

3. 掌握铬、锰、铁、钴、镍化合物的氧化还原性以及介质对氧化还原反应的影响。

4. 掌握铬、锰、铁、钴、镍不同化合价离子的鉴定反应。

【实验原理】

铬和锰分别为周期表中ⅥB和ⅦB族元素，它们都有可变的氧化数。铬的常见氧化数有+3、+6，锰的常见氧化数有+2、+4、+6、+7。

+3价铬盐容易水解，其氢氧化物呈两性，碱性溶液中的+3价铬（以CrO_2^-形式存在）易被强氧化剂如Na_2O_2或H_2O_2氧化为黄色的铬酸盐。

$$2CrO_2^- + 3H_2O_2 + 2OH^- \rightleftharpoons 2CrO_4^{2-} + 4H_2O$$

铬酸盐和重铬酸盐中的铬的氧化值相同，均为+6，它们的水溶液中存在着下列平衡：

$$2CrO_4^{2-} + 2H^+ \rightleftharpoons Cr_2O_7^{2-} + H_2O$$

上述平衡在酸性介质中向右移动，在碱性介质中向左移动。

重铬酸盐是强氧化剂，易被还原成+3价铬（+3价铬离子溶液为绿色或蓝色）。

+2价锰的$Mn(OH)_2$为白色碱性氢氧化物，但在空气中易被氧化，逐渐变成棕色MnO_2的水合物$[MnO(OH)_2]$。

在中性溶液中，MnO_4^-与Mn^{2+}可以反应而生成棕色的MnO_2沉淀：

$$2MnO_4^- + 3Mn^{2+} + 2H_2O \rightleftharpoons 5MnO_2\downarrow + 4H^+$$

在强碱性溶液中，MnO_4^-与MnO_2可以生成绿色的MnO_4^{2-}：

$$2MnO_4^- + MnO_2 + 4OH^- \rightleftharpoons 3MnO_4^{2-} + 2H_2O$$

MnO_4^-是一种强氧化剂，它的还原产物随介质的不同而不同。在酸性介质中，被还原成Mn^{2+}，溶液变为近似无色；在中性介质中，被还原成棕色沉淀MnO_2；在碱性介质中，被还原成MnO_4^{2-}，溶液为绿色。

在硝酸溶中，Mn^{2+}可以被$NaBiO_3$氧化为紫红色的MnO_4^-，这个反应常用来鉴别Mn^{2+}。

$$5NaBiO_3 + 2Mn^{2+} + 14H^+ \rightleftharpoons 2MnO_4^- + 5Bi^{3+} + 5Na^+ + 7H_2O$$

铁、钴、镍是周期系第Ⅷ族元素第一个三元素组，它们的原子最外层电子数都是2个，次外层电子尚未排满，因此显示可变的化合价，它们的性质彼此相似。

　　铁、钴、镍＋2 价氢氧化合物显碱性，它们有不同的颜色，$Fe(OH)_2$ 呈白色，$Co(OH)_2$ 呈粉红色，$Ni(OH)_2$ 呈苹果绿色。它们被 O_2、H_2O_2 等氧化剂氧化的情况按 $Fe(OH)_2$—$Co(OH)_2$—$Ni(OH)_2$ 的顺序由易到难，如空气中的氧可使 $Fe(OH)_2$ 迅速转变成棕红色的 $Fe(OH)_3$（有从泥黄色到红棕色的各种中间产物）。$Co(OH)_2$ 则缓慢地被氧化成褐色的 $Co(OH)_3$，$Ni(OH)_2$ 与氧则不起作用。

　　铁、钴、镍都能生成不溶于水的＋3 价氧化物和相应的氢氧化物，$Fe(OH)_3$ 和酸生成＋3 价的铁盐，而 $Co(OH)_3$ 和 $Ni(OH)_3$ 与盐酸反应时，不能生成相应的＋3 价盐，因为它们的＋3 价盐极不稳定，很易分解成为＋2 价盐，并放出氯气，显示出强氧化性。

　　＋2 价和＋3 价的铁盐在溶液中易水解。＋2 价铁离子是还原剂，而＋3 价铁离子是弱的氧化剂。钴、铁、镍的盐大部分是有颜色的。在水溶液中，Fe^{2+} 呈浅绿色，Co^{2+} 呈粉红色，Ni^{2+} 呈亮绿色。

　　铁能生成很多配位化合物，其中常用的有亚铁氰化钾 $K_4[Fe(CN)_6]$ 和铁氰化钾 $K_3[Fe(CN)_6]$，钴和镍亦能生成配位化合物，如 $[Co(NH_3)_6]Cl_3$，$K_3[Co(NO_2)_6]$ 和 $[Ni(NH_3)_6]SO_4$ 等。＋2 价 Co 的配合物不稳定，易被氧化为＋3 价 Co 的配位化合物，而 Ni 的配位化合物则以＋2 价的稳定。

【实验用品】

1. 仪器

离心机，电加热器，普通试管，离心试管，烧杯，滴管，酒精灯。

2. 试剂与药品

HAc（2 mol/L，6 mol/L），HNO_3（6 mol/L），HCl（2mol/L，6mol/L，浓），H_2SO_4（2 mol/L，1 mol/L，0.1 mol/L），$NaOH$（2 mol/L，6 mol/L，40%），氨水（6 mol/L，2 mol/L），$CrCl_3$，$K_2Cr_2O_7$，Na_2SO_3，$Pb(Ac)_2$，$Pb(NO_3)_2$（0.1 mol/L），$KMnO_4$（0.01 mol/L，0.1 mol/L），$BaCl_2$（1 mol/L），$NaBiO_3$（s），$MnSO_4$（0.1 mol/L，0.5 mol/L，0.002 mol/L），NH_4Cl（饱和），铝试剂，pH 试纸，H_2O_2（3%），MnO_2，$CoCl_2$（0.1 mol/L，0.5 mol/L），$NiSO_4$（0.1 mol/L，0.5 mol/L），$FeCl_3$（0.1 mol/L），KI（0.1 mol/L），$KMnO_4$（0.01 mol/L），$K_4[Fe(CN)_6]$（0.1 mol/L），NH_4Cl（1 mol/L），$K_3[Fe(CN)_6]$（0.1 mol/L），NH_4F（4 mol/L），$KSCN$（0.1 mol/L，25%），$FeSO_4 \cdot 7H_2O$（s），$NaBiO_3$（s），H_2O_2（3%），溴水，淀粉液，丙酮，二乙酰二肟（1%乙醇溶液），KI 淀粉试纸，CCl_4。

【实验内容】

1. 铬

（1）氢氧化铬的制备和性质

用 $CrCl_3$ 和 $NaOH$ 制备氢氧化铬沉淀，观察沉淀的颜色，用实验证明氢氧化铬是否两性。分别向两份沉淀中加入 0.1 mol/L NaOH 和 HCl 溶液滴至沉淀溶解，观察溶液颜色，并写出反应方程式。

（2）+3 价铬的还原性

5 滴 0.1 mol/L $CrCl_3$ 和过量 NaOH 生成 CrO_2^- 后再加入 2 滴 3% 的 H_2O_2 溶液，加热，观察溶液颜色的变化，解释现象，并写出每一步反应方程式。

将上述溶液用 2 mol/L HAc 酸化至溶液 pH 值为 6，加入 1 滴 0.1 mol/L $Pb(NO_3)_2$ 溶液，即有亮黄色的 $PbCrO_4$ 沉淀生成，写出反应方程式，此反应常用作 Cr^{3+} 的鉴定反应。

（3）+6 价铬的氧化性

5 滴 0.1 mol/L $K_2Cr_2O_7$ 溶液中加入 5 滴 0.1 mol/L H_2SO_4 酸化，再加入 15 滴 0.1 mol/L Na_2SO_3 溶液，观察溶液颜色的变化，验证 $K_2Cr_2O_7$ 在酸性溶液中的氧化性，写出反应方程式。

（4）铬酸盐和重铬酸盐的相互转化

在 5 滴 0.1 mol/L $K_2Cr_2O_7$ 溶液中滴入 4 滴 2 mol/L NaOH，观察溶液颜色变化，再继续滴入 10 滴 1 mol/L H_2SO_4 酸化，观察溶液颜色变化，解释现象，并写出反应方程式。

2. 锰

（1）Mn^{2+} 氢氧化物的制备和还原性

在 1 支试管中加入 10 滴 0.1 mol/L $MnSO_4$ 溶液，再加入 10 滴 2 mol/L NaOH 溶液，观察沉淀的生成，试管在空气中摇荡，观察沉淀颜色的变化并解释。

（2）+4 价 Mn 化合物的生成

在 10 滴 0.01 mol/L $KMnO_4$ 溶液中滴加 0.1 mol/L $MnSO_4$ 溶液，观察沉淀的颜色，写出反应方程式。

（3）Mn^{2+} 的鉴定

取 5 滴 0.1 mol/L $MnSO_4$ 溶液加入试管中，加入 10 滴 6 mol/L HNO_3，然后加入少量 $NaBiO_3$ 固体，微热，振荡，静置。上层清液呈紫红色表示有 Mn^{2+} 存在。

3. 铁、钴、镍的氢氧化物的制备和性质

（1）$Fe(OH)_2$ 的制备和还原性，$Fe(OH)_3$ 的性质

在试管中加入 2 mL 蒸馏水和 1~2 滴 2 mol/L H_2SO_4 酸化，煮沸片刻（为什么?），然后在其中溶解几粒 $FeSO_4 \cdot 7H_2O$ 晶体（配成 $FeSO_4$ 溶液），同时在另一支试管中煮沸 1 mL 2 mol/L NaOH 溶液，迅速用吸管吸出 NaOH 溶液插入 $FeSO_4$ 溶液底部，慢慢放出 NaOH 溶液（**注意：避免搅动溶液而带入空气**），不摇动试管，观察开始生成近乎白色的 $Fe(OH)_2$ 沉淀。然后再边振摇边观察沉淀颜色的变化，写出 $Fe(OH)_2$ 在空气中被氧化的反应式。

向含有 $Fe(OH)_3$ 的试管中加入几滴浓盐酸，观察沉淀溶解。

（2）$Co(OH)_2$ 的制备，$Co(OH)_3$ 制备和氧化性

将少量 0.1 mol/L $CoCl_2$ 溶液加热至沸，然后滴加 2 mol/L NaOH 溶液，观察粉红色沉淀生成。滴加 3% H_2O_2 到 $Co(OH)_2$ 沉淀上，观察棕色 $Co(OH)_3$ 沉淀生成。离心分离在沉淀中加入浓盐酸，微热，用湿润的 KI 淀粉试纸检查逸出的气体。解释现象，写出有关反应式。

（3）$Ni(OH)_2$ 的制备，$Ni(OH)_3$ 的制备和氧化性

向少量 0.1 mol/L $NiSO_4$ 溶液中滴加 2 mol/L 的 NaOH 溶液，观察果绿色的 $Ni(OH)_2$ 沉淀的生成。向试管中边滴加溴水（或新制的氯水），边观察黑色的 $Ni(OH)_3$ 沉淀生成。离心分离在沉淀中加入浓盐酸，微热，用湿润的 KI 淀粉试纸检查逸出的气体。解释现象，写出有关反应式。

4. 钴、镍的配位化合物

（1）钴的配位化合物及其鉴定

① 在 0.5 mol/L $CoCl_2$ 溶液中，滴加 6 mol/L 氨水，观察沉淀的颜色，再加入几滴 1 mol/L NH_4Cl 溶液和过量的 6 mol/L 氨水至沉淀溶解，观察 $[Co(NH_3)_6]Cl_2$ 溶液颜色。写出各步反应的化学方程式。

② 在试管中加入数滴 0.1 mol/L $CoCl_2$ 溶液，加入 25% KSCN 溶液，盐酸酸化，再加几滴丙酮，摇匀，观察现象，解释并写出反应方程式（这个反应用来鉴定 Co^{2+}，但如混有 Fe^{3+} 时，则需加入 NH_4F 溶液，使之生成无色的 $[FeF_6]^{3-}$ 以消除其干扰）。

（2）镍的配位化合物及其鉴定

① 在 0.5 mol/L $NiSO_4$ 溶液中，滴加 6 mol/L 氨水，微热，观察沉淀的颜色，再加入几滴 1 mol/L NH_4Cl 溶液和过量的 6 mol/L 氨水，观察沉淀的溶解和溶液的颜色，写出反应方程式。

② 在少量 0.1 mol/L $NiSO_4$ 溶液中，加入数滴 2 mol/L $NH_3 \cdot H_2O$，再加入几滴 1% 丁二酮肟（又名二乙酰二肟），观察现象。（这个反应用来鉴定 Ni^{2+}）

5. 混合离子的分离和鉴定

① 对 Fe^{3+}，Co^{2+}，Ni^{2+} 混合液进行离子分离鉴定，画出分离鉴定过程示意图。

② 取 Cr^{3+}，Mn^{2+}，Al^{3+} 的混合溶液 15 滴进行离子分离鉴定，画出分离鉴定过程示意图。

【思考题】

1. 总结铬的各种氧化态之间相互转化的条件，注明反应在何种介质中进行的，何者是氧化剂，何者是还原剂。

2. 绘出表示锰的各种氧化态之间相互转化的示意图，注明反应在什么介质中

进行的，何者是氧化剂，何者是还原剂。

3. 你所用过的试剂中，有几种可以将 Mn^{2+} 氧化为 MnO_4^-？在由 $Mn^{2+} \to MnO_4^-$ 的反应中，为什么要控制 Mn^{2+} 的量？

4. 如何制备 +2 价和 +3 价铁、钴、镍的氢氧化物？本实验检验它们的哪些性质？

5. 在碱性介质中，氯水（或溴水）能把二价钴氧化成三价钴，而在酸性介质中，三价钴又能把氯离子氧化成氯气，二者有无矛盾？为什么？

6. 铁、钴、镍能否与 $NH_3 \cdot H_2O$ 生成 +2 价和 +3 价的氨配合物？

实验 12　p 区非金属元素性质

【实验目的】

1. 了解非金属单质的氧化还原性。

2. 了解碳酸盐沉淀的形成与转化以及硅酸及其盐的某些性质。

3. 联系氢氧化物的酸碱性及硫化物的溶解性等，了解某些金属离子的分离方法。

【实验原理】

1. 卤素单质的氧化还原性

Cl_2、Br_2、I_2 等自由单质（以 X_2 表示）与水能发生水解反应，并存在下列平衡：

$$X_2 + H_2O \Longrightarrow H^+ + X^- + HXO$$

在此反应中，反应物 X_2 既是氧化剂，又是还原剂，发生歧化反应。反应进行的程度与溶液的 pH 值有关，在溶液中加酸能抑制卤素单质的水解，加碱则能促进其水解。

2. 氯的含氧酸及其盐

次氯酸及其盐。氯与水作用，发生下列可逆反应：

$$Cl_2 + H_2O \Longrightarrow HClO + H^+ + Cl^-$$

氯酸作为氧化剂氧化 HCl 时，本身可能被还原为 $HClO_2$、$HClO$、Cl_2，但 $HClO_2$、$HClO$ 不稳定，因此氯酸的还原产品为 Cl_2。

固体氯酸盐是强氧化剂，固体氯酸盐和各种易燃物（硫、碳、磷）混合时，在撞击时剧烈爆炸，因此氯酸盐被用来制造爆炸药、火柴和烟火等。

高氯酸 $HClO_4$ 是已知酸中最强的酸，固态高氯酸盐在高温下是一个强氧化剂，但氧化能力比氯酸盐弱，所以，高氯酸盐用于制造较为安全的炸药。

3. 铵盐的分解

铵盐易于水解，强酸的铵盐其水溶液显酸性，溶液中存在下列离子平衡：

$$NH_4^+ + H_2O \Longrightarrow NH_3 \cdot H_2O + H^+$$

固体铵盐加热均易分解，其分解产物常取决于组成铵盐的酸的性质。如果是无氧化性的酸或氧化性不够强的酸组成的铵盐，其热分解产物取决于酸有无挥发性。若为非挥发性酸，加热时放出氨。

$$(NH_4)_2SO_4 \stackrel{\triangle}{=\!=\!=} 2NH_3 + H_2SO_4$$

若为挥发性酸，加热时氨和酸同时逸出，遇冷时又重新结合，如 NH_4Cl

$$NH_4Cl =\!=\!= NH_3 + HCl$$

如果是由氧化性的酸组成的铵盐，则加热分解产生的氨被氧化性酸氧化成氮或氮的氧化物。

$$NH_4NO_2 \xrightarrow{\triangle} N_2 + 2H_2O \qquad NH_4NO_3 \xrightarrow{200℃} N_2O + 2H_2O$$

4. 碳酸盐的性质

除碱金属外，一般金属的碳酸盐（用 MCO_3 表示）的溶解度较小，而相应的酸式盐则较易溶解于水。在一些难溶碳酸盐（如 $CaCO_3$）和水组成的系统中，由于存在下列平衡，通入 CO_2 气体，可使其变为酸式盐而溶解。

$$MCO_3(s) + CO_2(g) + H_2O(l) \Longrightarrow 2HCO_3(aq)^- + M^{2+}(aq)$$

5. 磷酸盐的性质

磷酸是三元酸，可以形成三系列的盐：

磷酸正盐：Na_3PO_4、$Ca_3(PO_4)_2$；

磷酸一氢盐：Na_2HPO_4、$CaHPO_4$；

磷酸二氢盐：NaH_2PO_4、$Ca(H_2PO_4)_2$。

可溶性磷酸盐在水溶液中有不同程度的水解。

$$PO_4^{3-} + H_2O \Longrightarrow HPO_4^{2-} + OH^-$$

$$HPO_4^{2-} + H_2O \Longrightarrow H_2PO_4^- + OH^-$$

$$H_2PO_4^- + H_2O \Longrightarrow H_3PO_4 + OH^-$$

所以磷酸正盐如 Na_3PO_4 溶液呈强碱性，Na_2HPO_4 水溶液呈弱碱性，NaH_2PO_4 水溶液呈弱酸性。

PO_4^{3-} 鉴定反应：磷酸盐在硝酸溶液中，与过量钼酸铵一起加热时，有磷钼酸铵黄色沉淀产生。

$$PO_4^{3-} + 3NH_4^+ + 12MoO_4^{2-} + 24H^+ \Longrightarrow (NH_4)_3PO_4 \cdot 12MoO_3 \cdot 6H_2O \downarrow + 6H_2O$$

6. 硫化物的性质

在常见金属中，如 s 区金属的硫化物可溶于水，BeS 在水中分解；p 区金属的硫化物不溶于水，也不溶于稀酸 $[c(H^+) \approx 0.3 \text{ mol/L}]$，且往往有特征的颜色，如 PbS（黑色）、SnS（棕色）、Sb_2S_3（橙色）。

应当指出，在水溶液中，Al^{3+} 与 S^{2-} 不能生成 Al_2S_3，但能生成 $Al(OH)_3$ 白色沉淀和 H_2S，这可认为是由于 Al^{3+} 与 S^{2-} 的双水解作用的结构。如 Fe^{3+}、Cr^{3+} 等易水解的离子都有双水解性质。反应式可表示如下：

$$2Al^{3+} + 3S^{2-} + 6H_2O \longrightarrow 2Al(OH)_3 \downarrow + 3H_2S \uparrow$$

7. 硫代硫酸及其盐的性质

硫代硫酸不稳定，因此硫代硫酸盐遇酸容易分解。$Na_2S_2O_3 \cdot 5H_2O$ 俗称大苏打或海波，常用作还原剂，在中性或者碱性溶液稳定，遇酸极不稳定，迅速发生分解，生成 SO_2 气体和 S 沉淀。

$$S_2O_3^{2-} + 2H^+ \Longrightarrow S\downarrow + SO_2\uparrow + H_2O$$

还能与某些金属离子形成配合物。$S_2O_3^{2-}$ 与 Ag^+ 反应能生成白色的 $Ag_2S_2O_3$ 沉淀。

$$2Ag^+ + S_2O_3^{2-} = 2Ag_2S_2O_3(s)$$

$Ag_2S_2O_3$ 能迅速分解为 Ag_2S 和 H_2SO_4：

$$Ag_2S_2O_3(s) + H_2O = Ag_2S(s) + H_2SO_4$$

这一过程伴随颜色由白色变为黄色、棕色，最后变为黑色。这一方法用于鉴定 $S_2O_3^{2-}$。

【实验用品】

1. 仪器

酒精灯，烧杯（50 mL，100 mL），蒸发皿，坩埚，坩埚钳，泥三角，试管，硬质试管（干燥），试管架，试管夹，石棉铁丝网，铁圈，铁夹，铁架台，药匙，砂浴，研钵，滴管，点滴板，洗瓶，玻璃棒，滤纸碎片（或棉花），离心机，离心试管，防护眼镜，镊子，磁铁等。

2. 试剂与药品

氯水，溴水，碘水，醋酸 HAc(6 mol/L)，盐酸 HCl(2 mol/L，6 mol/L，浓)，$AgNO_3$(0.1 mol/L)，H_2SO_4（2 mol/L），NaCl(0.1 mol/L)，KI(0.1 mol/L)，CCl_4，硝酸 HNO_3（2 mol/L，6mol/L，浓），氢硫酸 H_2S(饱和)，硫酸 H_2SO_4（2 mol/L，6 mol/L），氢氧化钡，氢氧化钠 NaOH(2 mol/L，6 mol/L)，氨水（2 mol/L），硫酸铝 $Al_2(SO_4)_3$(0.1 mol/L,固)，$MnSO_4$，镁 Mg（条，粉末）Na_2S(0.1 mol/L)，$KClO_3$（饱和，固体），次氯酸钠(0.1 mol/L)，$CdCl_2$(0.1 mol/L)，$Cu(NO_3)_2$(0.1 mol/L)，Na_3PO_4(0.1 mol/L)，Na_2HPO_4(0.1 mol/L)，NaH_2PO_4(0.1 mol/L)，钼酸铵（0.1 mol/L），Na_2CO_3(0.1 mol/L)，$Ba(OH)_2$ 饱和溶液，$ZnCl_2$(0.1 mol/L)，$CuSO_4$(0.1 mol/L)，$FeCl_3$(0.1 mol/L)，$BaCl_2$(0.1 mol/L)。

【实验内容】

1. 卤素单质的性质

① 在三支试管中加入少量饱和氯水、溴水和碘水溶液，各加入数滴 2 mol/L NaOH 稀溶液。观察现象。然后再加入 2 mol/L H_2SO_4 至过量。观察现象，并解释。

② 在三支试管中加入少量饱和氯水、水和碘水溶液，各加入数滴 0.1 mol/L $AgNO_3$ 溶液。观察记录现象，并解释。

2. 氯的含氧酸及其盐的性质

① 取 2 mL 氯水，逐滴加入 2 mol/L NaOH 溶液至呈弱碱性，然后将溶液分装在 3 支试管中。在第 1 试管中加入 2 mol/L HCl 溶液，用湿润的淀粉-KI 试纸

检验逸出的气体；在第 2 支试管中滴加 0.1mol/L KI 溶液及少量 CCl_4；在第 3 支试管中滴加品红溶液。观察记录现象，并解释。

② 取几滴饱和 $KClO_3$ 溶液，加入几滴浓盐酸，用湿润的淀粉-KI 试纸检验逸出的气体，观察记录现象，并解释。

③ 用 0.1mol/L 的次氯酸钠溶液分别与浓 HCl、NaCl、$MnSO_4$、KI 溶液反应。观察有何变化。用湿润的 KI-淀粉试纸检验气体产物，或检验溶液中是否有 I_2 生成，或检验沉淀为何物。

3. 硫代硫酸及其盐的性质

① 在试管中加少量的 0.1 mol/L $Na_2S_2O_3$ 溶液和 2 mol/L HCl 溶液，摇荡试管，观察记录现象，在试管口用湿润的蓝色石蕊试纸检验逸出的气体。观察记录现象，并解释。

② 在试管中加少量的碘水，加 1 滴淀粉试液，逐滴加入 0.1 mol/L $Na_2S_2O_3$ 溶液，观察记录现象，并解释。

③ 取几滴饱和氯水，滴加 0.1 mol/L $Na_2S_2O_3$ 溶液，并检验是否有 SO_4^{2-} 生成，观察记录现象，并解释。

④ 在点滴板上加 1 滴 0.1 mol/L $Na_2S_2O_3$ 溶液，再滴加 0.1 mol/L $AgNO_3$ 溶液至生成白色沉淀，观察沉淀颜色的变化，并解释。

4. 硫化物性质

① 在试管中加入少量的 0.1 mol/L Na_2S 溶液，再滴加 0.1 mol/L $Al_2(SO_4)_3$ 溶液，观察记录现象，并解释。

② 在试管中加入少量的 0.1 mol/L Na_2S 溶液，再滴加 0.1 mol/L $ZnCl_2$ 溶液，观察沉淀颜色，离心分离，在沉淀中加入 2 mol/L HCl，观察记录现象，并解释。

③ 在试管中加入少量的 $0.1 mol/L Na_2S$ 溶液，再滴加 0.1 mol/L $CdCl_2$ 溶液，观察沉淀颜色，离心分离，将沉淀分成两份，一份加入 2 mol/L HCl，观察记录现象，另一份加入浓盐酸 HCl，观察记录现象，并解释。

④ 在试管中加入少量的 0.1 mol/L Na_2S 溶液，再滴加 0.1 mol/L $Cu(NO_3)_2$ 溶液，观察沉淀颜色，离心分离，将沉淀分成两份，一份加入浓盐酸 HCl，观察记录现象，另一份加入稀硝酸，观察沉淀是否溶解，加热是否溶解，并解释。

5. 铵盐的分解

在三支硬质试管中，分别加入氯化铵、硫酸铵和重铬酸铵，将其垂直固定加热，在试管口用湿润的 pH 试纸检验，观察记录现象，并解释。

6. 磷酸盐的酸碱性

① 用 pH 试纸分别测定 0.1 mol/L 的 Na_3PO_4、Na_2HPO_4、NaH_2PO_4 溶液的

pH 值，观察记录并解释。

② 取少量的 0.1 mol/L Na_3PO_4、Na_2HPO_4 和 NaH_2PO_4 溶液，分别加入数滴 0.1 mol/L $AgNO_3$ 溶液，观察记录现象，并解释。

③ PO_4^{3-} 鉴定：在试管里加入少量的 PO_4^{3-}，加入 3～5 滴 6 mol/L 的硝酸，轻轻振荡试管。再加入 1 mL 钼酸铵（0.1 mol/L）试剂，加热至 60～70 ℃，静置约 5min，析出黄色沉淀，表明有 PO_4^{3-} 存在。

7. 碳酸盐

① CO_3^{2-} 的鉴定：在试管中加入 1 mL 0.1 mol/L Na_2CO_3 溶液，再加入半滴管 2 mol/L HCl 溶液，立即用带导管的塞子盖紧试管口，将产生的气体通入 $Ba(OH)_2$ 饱和溶液中，观察记录现象，并解释。

② 取 1 mL 0.1 mol/L $CuSO_4$、$FeCl_3$ 和 $BaCl_2$ 溶液，分别在试管中加 0.1 mol/L Na_2CO_3 溶液，再观察现象，离心分离，洗涤沉淀。实验证明产物的类型（碳酸盐、碱式碳酸盐或氢氧化物）。

【思考题】

1. 在 $Na_2S_2O_3$ 溶液中，滴加 $AgNO_3$ 溶液会有白色沉淀，如果加入过量的 $Na_2S_2O_3$ 溶液会出现什么现象？

2. 配制 $Na_2S_2O_3$ 溶液应该注意什么？

3. 在 Cr^{3+} 中加入 S^{2-} 溶液，产物是什么？如何证明？

实验 13　常见阳离子的鉴别、鉴定和混合离子分离

【实验目的】

1. 初步了解混合阳离子分离鉴定方案。
2. 学会运用元素的基本性质进行物质的鉴别、鉴定。
3. 熟悉常见阳离子系统分析方法。

【实验原理】

　　阳离子种类多，在对常见的阳离子进行个别鉴定时会有干扰，所以在对混合离子进行分离鉴定时，常常会对离子进行分组分析。阳离子的分析法有很多种，实验中常用的分析方法有硫化氢系统法和两酸两碱法。

1. 硫化氢系统法

　　硫化氢系统分析法应用至今已有一百多年的历史，是较为完善的一种分组方法。硫化氢系统分组法应用 HCl、H_2S、$(NH_4)_2S$ 和 $(NH_4)_2CO_3$ 为组试剂，将常见的阳离子分成五个分析组（表 3-13）。硫化氢分组方案以常见阳离子的硫化物的溶解度明显不同为基础进行分离。

表 3-13　硫化氢系统法

分组依据	硫化物不溶于水				硫化物溶于水	
	在稀酸中生成硫化物沉淀			在稀酸中不生成硫化物沉淀	碳酸盐不溶于水	碳酸盐溶于水
	氯化物不溶于热水	氯化物溶于热水				
		硫化物不溶于硫化钠	硫化物溶于硫化钠			
包含离子	Ag^+ Hg_2^{2+}	Pb^{2+} Bi^{3+} Cu^{2+} Cd^{2+}	Hg^{2+} $As(Ⅲ、Ⅴ)$ $Sb(Ⅲ、Ⅴ)$ Sn^{4+}	Fe^{3+}、Fe^{2+} Al^{3+}、Mn^{2+} Cr^{3+}、Zn^{2+} Co^{2+}、Ni^{2+}	Ba^{2+} Sr^{2+} Ca^{2+}	Mg^{2+} K^+ Na^+ NH_4^+
试剂	HCl	HCl，H_2S		$NH_3 \cdot H_2O+$ NH_4Cl $(NH_4)_2S$	$NH_3 \cdot H_2O+$ NH_4Cl $(NH_4)_2CO_3$	$NH_3 \cdot H_2O+$ NH_4Cl $(NH_4)_2CO_3$
组别	盐酸组	铜组	锡组	硫化铵组	碳酸铵组	易溶组

2. 两酸两碱法

（1）与 HCl 反应

在常见阳离子中，只有 Ag^+、Pb^{2+}、Hg_2^{2+} 能与 HCl 作用生成氯化物沉淀。

$$
\left.
\begin{array}{l}
Ag^+ \\
Pb^{2+} \\
Hg_2^{2+}
\end{array}
\right\} \xrightarrow{\text{HCl}}
\left\{
\begin{array}{ll}
\text{白色沉淀} & AgCl \quad \text{可溶于氨水} \\
\text{白色沉淀} & PbCl_2 \quad \text{可溶于热水} \\
\text{白色沉淀} & Hg_2Cl_2
\end{array}
\right.
$$

（2）与 H_2SO_4 反应

在常见阳离子中，只有 Ba^{2+}，Sr^{2+}、Ca^{2+}、Pb^{2+}、Hg_2^{2+} 与 H_2SO_4 形成硫酸盐沉淀。

$$
\left.\begin{array}{l}
Ba^{2+} \\
Sr^{2+} \\
Ca^{2+} \\
Pb^{2+} \\
Hg_2^{2+}
\end{array}\right\} \xrightarrow{H_2SO_4} \left\{\begin{array}{l}
BaSO_4 \quad 白色沉淀 \\
SrSO_4 \quad 白色沉淀 \\
CaSO_4 \quad 白色沉淀 \\
PbSO_4 \quad 白色沉淀，溶于 NH_4Ac，生成 Pb(Ac)_3^- \\
Hg_2SO_4 \ 白色沉淀
\end{array}\right.
$$

（3）与 NaOH 反应

① 生成两性氢氧化物沉淀，能溶于过量 NaOH 的有：

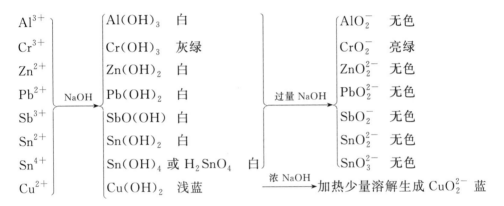

$$
\left.\begin{array}{l}
Al^{3+} \\
Cr^{3+} \\
Zn^{2+} \\
Pb^{2+} \\
Sb^{3+} \\
Sn^{2+} \\
Sn^{4+} \\
Cu^{2+}
\end{array}\right\} \xrightarrow{NaOH} \left\{\begin{array}{ll}
Al(OH)_3 & 白 \\
Cr(OH)_3 & 灰绿 \\
Zn(OH)_2 & 白 \\
Pb(OH)_2 & 白 \\
SbO(OH) & 白 \\
Sn(OH)_2 & 白 \\
Sn(OH)_4 \ 或 \ H_2SnO_4 & 白 \\
Cu(OH)_2 & 浅蓝
\end{array}\right\}
$$

过量 NaOH →

$$
\left\{\begin{array}{ll}
AlO_2^- & 无色 \\
CrO_2^- & 亮绿 \\
ZnO_2^{2-} & 无色 \\
PbO_2^{2-} & 无色 \\
SbO_2^- & 无色 \\
SnO_2^{2-} & 无色 \\
SnO_3^{2-} & 无色
\end{array}\right.
$$

$\xrightarrow{浓\ NaOH}$ 加热少量溶解生成 CuO_2^{2-} 蓝

② 生成氢氧化物、氧化物或碱式盐沉淀，不溶于过量 NaOH 的有：

$$
\left.\begin{array}{l}
Mg^{2+} \\
Fe^{3+} \\
Fe^{2+} \\
Mn^{2+} \\
Cd^{2+} \\
Ag^+ \\
Hg^{2+} \\
Hg_2^{2+} \\
Co^{2+} \\
Ni^{2+}
\end{array}\right\} \xrightarrow{NaOH}
$$

$Mg(OH)_2$　白色沉淀

$Fe(OH)_3$　红棕色沉淀 $\xrightarrow{浓\ NaOH}$ 少量生成 FeO_2^-

$Fe(OH)_2$　浅绿色沉淀 $\xrightarrow{空气中\ O_2}$ $Fe(OH)_3$　红棕色

$Mn(OH)_2$　浅粉红色沉淀

$Cd(OH)_2$　白色沉淀

Ag_2O　褐色沉淀

HgO　黄色沉淀

Hg_2O　黑色沉淀

碱式盐沉淀，蓝色 $\xrightarrow{浓\ NaOH}$ $Co(OH)_2$　粉红色沉淀

碱式盐沉淀，浅绿色 $\xrightarrow{浓\ NaOH}$ $Ni(OH)_2$　绿色沉淀

（4）与 $NH_3 \cdot H_2O$ 反应

① 生成氢氧化物、氧化物或碱式盐沉淀，能溶于过量氨水，生成配离子的有：

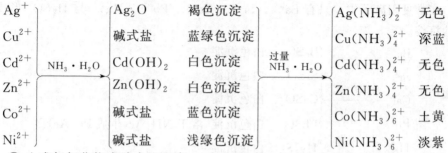

② 生成氢氧化物或碱式盐沉淀，不与过量的 NH_3 生成配离子的有：

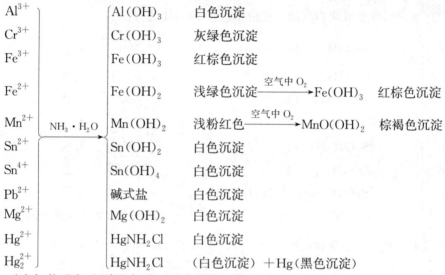

对未知物进行鉴别鉴定时，通常从以下几个方面进行分析：

a. 物质的状态：观察物质常温时的状态、气味和颜色。

b. 溶解性：固体样品的溶解性是其性质的重要特征，检测其在水，热水，盐酸（稀、浓），硫酸和硝酸（稀、浓）中的溶解性。

c. 酸碱性：通过 pH 试纸判断物质的酸碱性；通过酸碱溶解性，判断是否具有两性。通过以上的初步试验后，再进行鉴别和鉴定。

【实验用品】

1. 仪器

离心机，离心式管，点滴板，表面皿，试管等。

2. 试剂与药品

$MgCl_2$（0.5 mol/L），NaCl（1 mol/L），饱和六羟基锑（V）酸钾（0.5 mL），饱和酒石酸氢钠，$MgCl_2$（0.5 mol/L），NaOH（6 mol/L），镁试剂，$CaCl_2$（0.5 mol/L），饱和草酸氨，HAc（6 mol/L），HCl（2 mol/L），$BaCl_2$（0.5 mol/L），HAc

(2 mol/L)，NaAc(2 mol/L)，K_2CrO_4(1 mol/L)，$AlCl_3$(0.5 mol/L)，HAc(2 mol/L)，0.1%铝试剂，氨水(6 mol/L)，$SnCl_2$(0.5 mol/L)，$HgCl_2$(0.2 mol/L)，$Pb(NO_3)_2$(0.5 mol/L)，K_2CrO_4(1 mol/L)，NaOH(2 mol/L)，$CuCl_2$(0.5 mol/L)，HAc(6 mol/L)，铁氰化钾(0.5 mol/L)，$AgNO_3$(0.1 mol/L)，HCl(2 mol/L)，HNO_3(6 mol/L)，$ZnSO_4$(0.2 mol/L)，$Cd(NO_3)_2$(0.2 mol/L)，Na_2S(2 mol/L)，$HgCl_2$(0.2 mol/L)，$SnCl_2$(0.5 mol/L)，Mn^{2+}(0.1 mol/L)，固体 $NaBiO_3$，$FeSO_4$(0.1 mol/L)，$K_3[Fe(CN)_6]$(0.1 mol/L)，5%的邻二氮菲，硫氰化钾(0.1 mol/L)，$K_4[Fe(CN)_6]$(0.1 mol/L)，pH 试纸等。

注：若在设计方案时，有些试剂未在列出试剂中，可提前和老师沟通。

【实验内容】

1. 鉴定反应

（1）Na^+ 的鉴定

在盛有 0.5 mL 1 mol/L NaCl 溶液的试管中，加入 0.5 mL 饱和六羟基锑（V）酸钾溶液，即有白色沉淀生成。如无沉淀产生，可用玻璃棒摩擦试管内壁，静置片刻。观察现象并写出化学反应方程式。

（2）K^+ 的鉴定

在盛有 0.5 mL 1 mol/L KCl 溶液的试管中，加入 0.5 mL 饱和酒石酸氢钠溶液，如有白色沉淀生成，显示有 K^+ 存在。如无沉淀产生，可用玻璃棒摩擦试管内壁，静置片刻。观察现象并写出化学反应方程式。

（3）Mg^{2+} 的鉴定

在盛有 2 滴 0.5 mol/L $MgCl_2$ 溶液的试管中，滴加 6 mol/L NaOH 溶液，直到白色絮状沉淀为止。然后加入 1 滴镁试剂，搅拌，生成蓝色沉淀，表示有 Mg^{2+} 存在。

（4）Ca^{2+} 的鉴定

在盛有 0.5 mL 0.5 mol/L $CaCl_2$ 溶液的离心试管中，滴加 10 滴饱和草酸氨溶液，有白色沉淀生成。离心分离，弃清液。若白色沉淀不溶于 6 mol/L HAc 溶液而溶于 2 mol/L HCl，表示有 Ca^{2+} 存在，写出反应方程式。

（5）Ba^{2+} 的鉴定

在盛有 2 滴 0.5 mol/L $BaCl_2$ 溶液的离心试管中，加入 2 mol/L HAc 和 2 mol/L NaAc 各 2 滴，然后滴加 2 滴 1 mol/L K_2CrO_4，有黄色沉淀生成，表示有 Ba^{2+} 存在。写出反应方程式。

（6）Al^{3+} 的鉴定

取 5 滴 0.5 mol/L $AlCl_3$ 溶液于小试管中，加入 2 滴水、2 滴 2 mol/L HAc 及 2 滴 0.1%铝试剂，搅拌后，置于水浴上加热片刻，再加入 1～2 滴 6 mol/L 氨水，有红色絮状沉淀生成，表示有 Al^{3+} 存在。

(7) Sn^{2+} 的鉴定

取 5 滴 0.5 mol/L $SnCl_2$ 溶液于小试管中，逐滴加入 0.2mol/L $HgCl_2$，边加边振荡，若产生的沉淀由白色变为灰色，然后变为黑色，表示有 Sn^{2+} 存在。

(8) Pb^{2+} 的鉴定

取 5 滴 0.5 mol/L Pb $(NO_3)_2$ 溶液于小试管中，加入 2 滴 1 mol/L K_2CrO_4，若有黄色的沉淀产生，在沉淀上滴加数滴 2 mol/L NaOH 溶液，沉淀溶解，表示有 Pb^{2+} 存在。

(9) Cu^{2+} 的鉴定

取 1 滴 0.5 mol/L $CuCl_2$ 溶液于小试管中，加入 1 滴 6 mol/L HAc 溶液酸化，再加入 1 滴 0.5mol/L 铁氰化钾溶液，若红棕色的沉淀产生，表示有 Cu^{2+} 存在。

(10) Ag^+ 的鉴定

取 5 滴 0.1mol/L $AgNO_3$ 溶液于小试管中，加入 5 滴 2 mol/L HCl，产生白色的沉淀，在沉淀上滴加 6 mol/L 氨水至沉淀完全溶解。此溶液中再用 6 mol/L HNO_3 溶液酸化，产生白色沉淀，表示有 Ag^+ 存在。

(11) Zn^{2+} 的鉴定

取 3 滴 0.2 mol/L $ZnSO_4$ 溶液于小试管中，加入 2 滴 2mol/L HAc 溶液酸化，再加 3 滴硫氰酸汞铵溶液，摩擦试管内壁，若有白色的沉淀产生，表示有 Zn^{2+} 存在。

(12) Cd^{2+} 的鉴定

取 3 滴 0.2 mol/L Cd $(NO_3)_2$ 溶液于小试管中，加入 2 滴 2 mol/L Na_2S 溶液，若有亮黄色的沉淀产生，表示有 Cd^{2+} 存在。

(13) Hg^{2+} 的鉴定

取 2 滴 0.2 mol/L $HgCl_2$ 溶液于小试管中，逐滴加入 0.5 mol/L $SnCl_2$ 溶液，边加边振荡，观察沉淀颜色的变化过程，最后变为灰色，表示有 Hg^{2+} 存在。

(14) Mn^{2+} 的鉴定

取 5 滴 0.1 mol/L Mn^{2+} 试液于离心试管中，加入 5 滴 6 mol/L HNO_3，然后加入少许固体 $NaBiO_3$，摇荡，静置片刻，有紫红色出现，表示有 Mn^{2+} 存在。

(15) Fe^{2+} 的鉴定

① 在点滴板上滴加 1 滴 0.1 mol/L Fe^{2+} 试液，加入 2 mol/L HCl 和 0.1 mol/L $K_3[Fe(CN)_6]$ 各 1 滴，若出现蓝色沉淀，表示有 Fe^{2+} 存在。

② 在点滴板上滴加 1 滴 0.1mol/L Fe^{2+} 试液，加入 1 滴 5% 的邻二氮菲，若出现橘红色，表示有 Fe^{2+} 存在。

(16) Fe^{3+} 的鉴定

① 在点滴板上滴加 1 滴 Fe^{3+} 试液，加入 2 mol/L HCl 和 0.1 mol/L $K_4[Fe(CN)_6]$ 各 1 滴，若出现蓝色沉淀，表示有 Fe^{3+} 存在。

② 在点滴板上滴加 1 滴 Fe^{3+} 试液，加入几滴 0.1 mol/L 硫氰化钾溶液，若出现血红色，表示有 Fe^{3+} 存在。

2. 未知物的分离、鉴别

① 请设计方案，鉴定可能含有 Cu^{2+}，Ag^+，Pb^{2+}，Ba^{2+} 的未知溶液成分。

② 请设计方案，鉴定可能含有 Zn^{2+}，Al^{3+}，Mg^{2+}，Fe^{3+} 的未知溶液成分。

③ 未知物鉴别：盛有以下盐溶液试剂瓶标签脱落，请自行设计方案进行鉴别。
$AgNO_3$，$Pb(NO_3)_2$，$Fe(NO_3)_3$，$Zn(NO_3)_2$，$Al(NO_3)_3$，NH_4NO_3，$Mn(NO_3)_2$

④ 下面盐溶液的标签混淆，不用其他试剂（除了溶剂水）对下列溶液进行鉴别。
$SnCl_2$，$HgCl_2$，$Pb(NO_3)_2$，Na_2S，$BaCl_2$，$AgNO_3$

⑤ 有下列几种固体，请自行设计方案进行鉴别。
硫酸亚铁，氧化铜，二氧化锰，氯化铵，氯化铅，三氧化二铁，硫化铅，氧化亚铜

【思考题】

1. 在鉴定 Mn^{2+} 中，用 $NaBiO_3$ 做氧化剂，用 HNO_3 酸化，可否用 HCl 和 H_2SO_4 代替，为什么？

2. 取少量的 Mg^{2+}，Sn^{2+}，Pb^{2+}，Cr^{3+}，Fe^{3+}，Cu^{2+}，Ag^+，Zn^{2+}，Hg^{2+} 溶液，分别与适量的氨水和过量氨水反应，记录反应现象并进行归纳总结。

实验 14　常见阴离子的鉴别、鉴定和混合离子分离

【实验目的】

1. 初步了解混合阴离子鉴定方案。
2. 学会运用元素的基本性质进行物质的鉴别鉴定。
3. 熟悉常见阴离子的个别鉴定方法。

【实验原理】

阳离子的绝大多数是由一种元素形成的简单离子；而阴离子多数是由两种或两种以上元素构成的酸根或络离子。所以，尽管组成阴离子的元素不多，但阴离子的数目却很多。有时组成元素相同，但却以多种形式存在。

由于阴离子的总数很多，这里难以全部研究，所以我们只讨论下列常见的阴离子：SO_4^{2-}、SO_3^{2-}、$S_2O_3^{2-}$、S^{2-}、SiO_3^{2-}、CO_3^{2-}、PO_4^{3-}、Cl^-、Br^-、I^-、NO_3^-、NO_2^-。阴离子的分析特性主要表现在以下几方面。

1. 与酸的反应

许多阴离子与酸作用，有的生成挥发性的气体，有的生成沉淀，有的既有沉淀又有气体。例如，

$$CO_3^{2-} + 2H^+ \Longrightarrow CO_2 \uparrow + H_2O$$

$$SiO_3^{2-} + 2H^+ \Longrightarrow H_2SiO_3 \downarrow$$

$$S_2O_3^{2-} + 2HCl \Longrightarrow 2Cl^- + S \downarrow + SO_2 \uparrow + H_2O$$

这一性质给它们的鉴定带来很多方便，我们可以利用不同阴离子在酸性条件下的性质不同进行鉴别鉴定。同时也使我们必须注意到，阴离子的分析试液在酸性条件下不稳定，一般应保存在碱性溶液中。

2. 氧化还原性

阴离子的氧化性和还原性一般表现得比阳离子突出。多数阳离子彼此可以共存于同一溶液中，而阴离子有些却不能共存，它们之间彼此可能发生氧化还原反应，多的一方可以消去少的一方。在本实验所研究的阴离子范围内，不能共存的情况如表 3-14 所示。

表 3-14　本实验中不能共存的阴离子表

阴离子	不能与之共存的阴离子	阴离子	不能与之共存的阴离子
NO_2^-	I^-, SO_3^{2-}, $S_2O_3^{2-}$, S^{2-}	$S_2O_3^{2-}$	NO_2^-, S^{2-}
I^-	NO_2^-	S^{2-}	NO_2^-, SO_3^{2-}, $S_2O_3^{2-}$
SO_3^{2-}	NO_2^-, S^{2-}		

因此可以通过试验阴离子的氧化性、还原性来推测其是否存在，而且在一定酸

碱环境中，当不能共存的离子中有一方已经被鉴定出来，另一方就没有必要再去鉴定了，这可以使分析手续大为简化。

3. 形成络合物

有些阴离子，例如 $S_2O_3^{2-}$、$C_2O_4^{2-}$、PO_4^{3-}、Cl^-、Br^-、I^-、NO_2^- 等，能作为络合剂同阳离子形成络合物。阴离子的这一性质，一方面可用于掩蔽阳离子，同时也给阳离子的分析带来干扰。反过来也一样，易于同阴离子生成络合物的阳离子、也会使相应阴离子的鉴定受到干扰。因此，在制备阴离子分析试液前，要把碱金属以外的阳离子全部除去。

采用分析方法鉴定阴离子，并不是要针对所研究的全部阴离子一一进行。为了缩小鉴定的范围，使目标集中，在鉴定前要做一些初步试验，阴离子的初步试验一般包括酸碱性试验、挥发性试验、氧化性还原性试验、沉淀试验等项目。先用 pH 试纸及稀硫酸进行挥发性试验；再利用 $BaSO_4$ 和 $AgNO_3$ 进行沉淀试验；最后利用 $KMnO_4$ 和淀粉-I_2，KI-淀粉溶液进行氧化还原试验。反应情况如表 3-15 所示。

表 3-15　离子鉴定前的初步实验

试剂阴离子	稀硫酸	$BaCl_2$（中性或弱酸性）	$AgNO_3$（稀硝酸）	淀粉-I_2	$KMnO_4$	KI-淀粉
Cl^-			白色沉淀		褪色	
Br^-			淡黄色沉淀		褪色	
I^-			黄色沉淀		褪色	
SiO_3^{2-}		白色沉淀				
CO_3^{2-}	气体	白色沉淀				
SO_3^{2-}	气体	白色沉淀		褪色	褪色	
$S_2O_3^{2-}$	气体和沉淀	白色沉淀	溶液或沉淀①	褪色	褪色	
S^{2-}	气体		黑色沉淀	褪色	褪色	
SO_4^{2-}		白色沉淀				
PO_4^{3-}		白色沉淀				
NO_3^-						
NO_2^-	气体					变蓝

说明①：若 $S_2O_3^{2-}$ 过量，会和阴离子配位生成 $[Ag(S_2O_3^{2-})_2]^{3-}$；若 $S_2O_3^{2-}$ 适量，生成白色沉淀，但是沉淀不稳定，最终会生成 Ag_2S。

【实验用品】

1. 仪器

离心机，试管，试管架，点滴板，胶头滴管，水浴锅，酒精灯等。

2. 药品

H_2SO_4(2 mol/L)，HCl(6 mol/L)，HNO_3(2 mol/L，6 mol/L)，HNO_2(2 mol/L，6 mol/L)，HAc(2 mol/L，6 mol/L)，浓硫酸，硫脲，$Ba(OH)_2$，$KMnO_4$(0.01 mol/L)，KI(0.1 mol/L)，$AgNO_3$(0.1 mol/L)，$NH_3 \cdot H_2O$(6 mol/L)，CCl_4，Cl_2 水，NaCl(0.1 mol/L)，NaBr(0.1 mol/L)，I^-(0.1 mol/L)，$BaCl_2$(0.1 mol/L)，Na_2S(0.1 mol/L)，Na_3PO_4(0.1 mol/L)，钼酸铵，$Na_2S_2O_3$(0.1 mol/L)，$CuCl_2$(0.1 mol/L)，$BaCl_2$(0.1 mol/L)，$FeSO_4$(s)，硫脲，pH 试纸等。

【实验内容】

1. 鉴定反应

(1) Cl^- 鉴定

取适量试液于试管中，加 2 mol/L HNO_3 酸化，再滴加 0.1 mol/L $AgNO_3$，离心分离，弃去清液，洗涤沉淀，在沉淀中加入 6 mol/L $NH_3 \cdot H_2O$，观察沉淀的溶解，并记录现象。然后再加入 6 mol/L HNO_3，观察沉淀的生成，并记录现象。

(2) Br^-，I^- 鉴定

取适量试液于试管中，加 2 mol/L H_2SO_4 酸化，再滴加 1 mL CCl_4，向试管中滴加 Cl_2 水，充分振荡，若在 CCl_4 层出现紫红色，表明有 I^- 存在；继续加入 Cl_2 水，充分振荡，若 CCl_4 层的紫红色消失，又出现棕黄色或者黄色，表明有 Br^- 存在。

(3) $S_2O_3^{2-}$ 鉴定

取适量试液于点滴板上，再滴加 0.1 mol/L $AgNO_3$，若出现白色沉淀，并且很快沉淀会变黄色，棕色，最后沉淀变成黑色，表明 $S_2O_3^{2-}$ 存在。

(4) S^{2-} 鉴定

取适量试液于点滴板上，再滴加 0.1 mol/L $CuCl_2$，若出现黑色沉淀，表明 S^{2-} 存在。

(5) SO_4^{2-} 鉴定

取适量试液于点滴板上，再滴加 0.1 mol/L $BaCl_2$，若出现白色沉淀，加 HNO_3 沉淀仍然存在，表明 SO_4^{2-} 存在。

(6) PO_4^{3-} 鉴定

取适量试液于试管中，加入 3～5 滴 6mol/L 的硝酸，轻轻振荡试管。再加入 1 mL 0.1 mol/L 钼酸铵试剂，加热至 60～70 ℃，静置约 5min，析出黄色沉淀，表明有 PO_4^{3-} 存在。

(7) NO_3^- 鉴定

取适量试液于试管中，在溶液中加入少量 $FeSO_4$ 固体，摇荡溶解后，将试倾斜，慢慢沿试管内壁滴加 1 mL 浓 H_2SO_4。若 H_2SO_4 层与水溶液层的界面处有"棕色环"出现，表明有 NO_3^- 存在。

（8）NO_2^- 鉴定

取适量试液于试管中，加入 6.0 mol/L HAc 溶液和 8% 硫脲溶液，摇荡，再加 2.0 mol/L HCl 溶液及 0.01 mol/L $FeCl_2$ 溶液，若溶液显红色，表明有 NO_2^- 存在。

2. 未知物的分离、鉴别

① 请设计方案，鉴定可能含有 PO_4^{3-}，SO_4^{2-}，CO_3^{2-} 的未知溶液成分。

② 请设计方案，鉴定可能含有 Cl^-，Br^-，I^- 的未知溶液成分。

③ 未知物鉴别：盛有以下 6 种固体试剂瓶标签脱落，请自行设计方案进行鉴别。

$Na_2S_2O_3$，Na_3PO_4，NaCl，Na_2CO_3，$NaHCO_3$，Na_2SO_4

【思考题】

1. 在氧化还原性实验中，稀 HNO_3、稀 HCl 和浓 H_2SO_4 是否可以代替稀 H_2SO_4 酸化试液，为什么？

2. 已知某试液中存在 SO_4^{2-}、Cl^-、NO_3^-，下列阳离子中哪些不可能共存？

NH_4^+，Ba^{2+}，Cr^{3+}，Mg^{2+}，Ag^+，Fe^{2+}，Fe^{3+}

3. 在鉴定 SO_4^{2-} 时，如何消除 SO_3^{2-}，$S_2O_3^{2-}$，CO_3^{2-} 的干扰？

第 4 章　强化实验

实验 15　由鸡蛋壳制备丙酸钙

【实验目的】

1. 了解食品添加剂丙酸钙的制备方法。
2. 学会查阅文献资料，设计试验的具体方案。
3. 培养运用知识和技能解决实际问题的能力。

【实验原理】

丙酸钙，化学式 $(CH_3CH_2COO)_2Ca$，分子量 186.22，为白色、颗粒或粉末状的结晶体，无臭味或有轻微丙酸气味，对光和热比较稳定，分解温度 400 ℃ 以上，易溶于水，微溶于甲醇和乙醇，几乎不溶于丙酮和苯。丙酸钙水溶液的 pH 值略大于 7。

丙酸钙是一种新型食品添加剂，在食品工业上主要用作防霉保鲜剂，可延长食品保鲜期。它对霉菌、好气性芽孢杆菌和革兰阴性菌有很好的杀灭效果，对酵母菌无害，对人无毒、无副作用，还可以抑制黄曲霉毒素的产生，防腐作用良好，其毒性远低于我国广泛应用的苯甲酸钠，较山梨酸钾便宜得多，故可在食品中较多地添加，可广泛用于面包、糕点、酱油、豆制品、果酱及罐头等食品的防霉、防腐，不会改变原有产品的品格和风味。因此日本和美国早在 20 世纪 60 年代已普遍使用，取代毒副作用较大的苯甲酸、苯甲酸钠、山梨酸、山梨酸钾等在食品添加中的位置。据联合国粮农组织和世界卫生组织（FAO/WHO）报道，丙酸钙与其他脂肪酸一样可以通过代谢作用被人体吸收，供给人体必需的钙，这是因为丙酸钙在人体内水解成丙酸和钙离子，其中丙酸是牛奶和羊、牛肉中常见的脂肪酸成分，而钙离子还有补钙作用，它们都可以作为营养物质被人体吸收，这一优点是其他防腐剂所无法相比的。在国外，也可将其作为饲料防腐剂。丙酸钙还可以药用，做成分散剂和软膏，对寄生性霉菌引起的皮肤病有较好的疗效。

随着人民生活水平的提高和食品工业的发展，鸡蛋的消耗量大幅度增加。由于人们仅利用了可食的蛋清和蛋黄部分，而大量蛋壳却被废弃，特别是蛋粉厂和蛋类制品加工厂，每天都要产生成吨的蛋壳，对环境造成污染。

蛋壳主要由无机物构成，无机物约占蛋壳重的 $94\%\sim97\%$，有机物约占 $3\%\sim6\%$（见表 4-1）。无机物中主要是碳酸钙，另有少量的碳酸镁及磷酸钙、磷酸镁。有机物中主要为蛋白质，属于非胶原态蛋白。

表 4-1　鸡蛋壳的化学成分

成分	碳酸钙	磷酸钙及磷酸镁	碳酸镁	有机物
平均含量/%	93	2.8	1	3.2

如以鸡蛋壳为主要原料，加入丙酸生产丙酸钙，既可节省资源、降低成本，又可解决蛋壳对环境所造成的污染。

参考流程一：

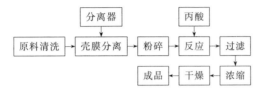

$$CaCO_3 + 2CH_3CH_2COOH \longrightarrow Ca(CH_3CH_2COO)_2 + CO_2\uparrow + H_2O$$

将蛋壳用水清洗，除去泥沙等杂质。称取一定量蛋壳置于烧杯中，加入一定量的水和分离剂，搅拌，放置，上层溶液中漂浮有分离出的蛋膜。蛋壳经水洗，干燥后用粉碎机粉碎，过筛。取一定量的蛋壳粉，在搅拌下逐滴加入一定量的丙酸，在一定温度下反应一定时间，直至不再有气体产生。分离反应液，用水以少量多次原则洗涤残渣，便得到成品溶液，滤液蒸发、结晶、干燥，便得到白色结晶体丙酸钙粗品。粗品经重结晶，可得到鳞片状白色丙酸钙结晶。

参考流程二：

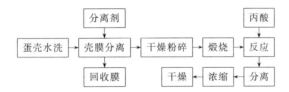

$$CaO + 2CH_3CH_2COOH \longrightarrow Ca(CH_3CH_2COO)_2 + H_2O$$

将蛋壳洗净、除杂后，加入一定量的水和分离剂，回收水面漂浮的蛋壳膜（可用作蛋白饲料）。蛋壳水洗晾干，粉碎，高温（1000 ℃）煅烧分解使蛋壳灰化，除去有机物，得蛋壳灰分（CaO）。在蛋壳灰分中加入水，调制成石灰乳，然后加入丙酸溶液进行中和反应，直至溶液澄清。过滤，滤液蒸发，浓缩成膏状，最后在干燥箱中烘干，即得食品级丙酸钙。

该法制备的丙酸钙不受蛋壳色素及有机成分的影响，制得的产品色泽洁白，无异味、纯度高、质量好、产率高、无污染，是一种安全无毒的优质有机钙，不仅可以作为高效饲料的防腐剂，也可以作为强化剂或用于食品添加剂。

【实验用品】

1. 仪器

电子天平（$d=0.1$），减压过滤装置，磁力加热搅拌器，电热干燥箱，粉碎机，标准筛等。

2. 试剂与药品

盐酸（6 mol/L），丙酸，NaOH(10%)，EDTA(0.0200 mol/L)，铬黑 T，三乙醇胺，NH_3-NH_4Cl 缓冲溶液，pH 试纸，鸡蛋壳（学生自备）。

【实验内容】

1. 蛋壳预处理

蛋壳是由石灰质外层硬壳（碳酸钙）和紧贴壳层的有机保护膜——蛋白膜组成。有机质与钙离子的结合可能是螯合作用，通过酸、碱作用可使石灰质与角蛋白发生变化，降低其结合力，同时在机械搅拌的作用下，使壳膜得到分离。

可选用盐酸、醋酸、氢氧化钠等作分离剂。

2. 中和反应条件确定

丙酸为弱酸，且中和反应为非均相反应，反应速率较慢，温度、丙酸用量等因素对产品的收率和纯度都有不同程度的影响，通过实验对中和反应的条件进行初步优化。

① 反应温度。温度越高，反应速率越快，但丙酸的沸点较低（140 ℃），过高温度会使丙酸挥发。

② 反应时间。反应时间短，反应不完全，产率低；时间太长，不利于缩短工艺周期、节能降耗。

③ 蛋壳与丙酸配料比。根据化学反应原理分析，设计具体方案。

④ 综合考虑，以丙酸钙收率和纯度为目标，优化上述反应条件。

建议（注意具体情况具体分析）：

① 按处理蛋壳 6.0 g 计，中和反应时间控制在 45 min 以内。

② 反应温度控制在 80 ℃ 以内。

③ 丙酸钙产品在电热干燥箱中 130 ℃ 下烘干 30 min。

3. 具体实验内容

① 蛋壳去膜，在研钵中研成粉末状。

② 将 6.0 g 蛋壳粉末和 40 mL 浓度为 13.36 mol/L 的丙酸溶液加入 100 mL 的烧杯中。

③ 将烧杯放入 80 ℃ 的水浴中加热。

④ 用玻璃棒不断搅拌溶液，直至溶液变澄清，大概 1 h。

⑤ 将澄清液通过抽滤瓶抽滤，用 5 mL 水洗涤滤渣。

⑥ 将滤液倒入坩埚，蒸发浓缩至表面出现晶膜，自然冷却。

⑦ 冷却后，抽滤，留晶体。

⑧ 加热晶体，除去晶体上的结晶水。

⑨ 称重计算产率。理论产率 30%。

4. 结果与讨论

计算丙酸钙的收率。分析讨论以鸡蛋壳为原料制备丙酸钙的优化工艺条件。

5. 产品性能检测（选做）

① 丙酸钙含量分析。用配位滴定法测定。

② 丙酸钙防霉实验。两份面包样品，一份添加丙酸钙 0.3%，一份不加。均在常温下放置 7 天后，观察面包样品是否出现绿色菌斑。

【思考题】

1. 钙的定量分析方法（配位滴定法），如何设计实验定量分析钙的含量。

2. 思考壳膜分离剂的选择并对具体分离条件的优化进行初步探索。

3. 简述标准筛、粉碎机的使用和操作。

4. 思考蛋壳粉的粒径大小对丙酸钙的制取有何影响？

5. 参考流程中丙酸钙制取反应（中和）的特点是什么？如何提高反应的收率？

实验 16　营养药葡萄糖酸锌的制备

【实验目的】

1. 了解葡萄糖酸锌（补锌药物）的制备方法。
2. 了解设计合成实验的基本过程，通过查阅文献资料，设计实验的具体方案。
3. 培养运用无机化学知识和技能解决实际问题的能力。

【实验原理】

锌是一种与人体的新陈代谢密切相关的微量元素，人体一切器官中都含有锌，尤其是皮肤、生殖腺、内脏、骨骼、前列腺和眼球的视觉细胞中锌含量都很丰富，因此，其有"生命之花"之称。它具有多种生理作用，参与核酸和蛋白质的合成，与人体内近百种酶的活性相关，能增进人体免疫力，近年医学研究结果表明，体内维持正常的锌水平对健康状况极为重要。缺锌对幼儿发育功能有十分不良的影响，会造成生长停滞，严重时会导致侏儒症。成年人缺锌会使身体抵抗力降低，味觉失灵，食欲减退，出现夜盲症等；还可诱发肺癌、支气管癌、冠心病、脱发和皮炎等；还会引起抑郁，情绪不稳，心情烦躁等症状。

过去常用硫酸锌作为补锌剂，但它对人体胃肠道有刺激作用，且吸收率低。通过葡萄糖酸盐的形式，可以将锌元素添加到膳食和药剂中，葡萄糖酸锌具有见效快、生物利用度高、副作用小、使用方便等优点，是目前首选的补锌药物和营养强化剂。

葡萄糖酸盐除了在食品和医药上应用外，在化工、水处理、建材等方面也有广泛的用途。葡萄糖酸盐是用途很广的缓蚀剂和阻垢剂，是石油、化工企业冷却水循环系统和低压锅炉、内燃机冷却水系统的水处理药剂，也是钢铁表面处理剂和水泥强化剂。

葡萄糖酸锌按原料不同有三种合成路线。

1. 以葡萄糖酸钙为原料——复分解合成路线

葡萄糖酸钙与硫酸锌在一定条件下发生复分解反应，通过净化处理，得到葡萄糖酸锌。

$$Ca(C_6H_{11}O_7)_2 + ZnSO_4 =\!=\!= CaSO_4(s) + Zn(C_6H_{11}O_7)_2$$

或葡萄糖酸钙与硫酸作用脱钙，所得到的葡萄糖酸经纯化后，浓缩，用氧化锌中和，加少量葡萄糖酸锌晶种和少许无水乙醇促进葡萄糖酸锌结晶，再经干燥得最终产品。

$$Ca(C_6H_{11}O_7)_2 + H_2SO_4 =\!=\!= CaSO_4(s) + 2HC_6H_{11}O_7$$

$$2HC_6H_{11}O_7 + ZnO =\!=\!= Zn(C_6H_{11}O_7)_2 + H_2O$$

其反应条件温和，操作容易掌握。但存在着净化处理困难、生产成本高等问题，并且影响成品质量的指标往往是残留的硫酸根离子。另一方面，葡萄糖酸钙作原料，市场货源紧缺，全国葡萄糖酸钙的生产规模较小。

2. 以葡萄糖酸内酯为原料——水解法合成路线

葡萄糖酸内酯在热水中水解生成葡萄糖酸后，加入氢氧化锌中和，反应完成后减压浓缩即得葡萄糖酸锌，反应方程式如下：

$$C_6H_{10}O_6 + H_2O \Longrightarrow HC_6H_{11}O_7$$
$$2HC_6H_{11}O_7 + Zn(OH)_2 \Longrightarrow Zn(C_6H_{11}O_7)_2 + 2H_2O$$

它有工艺路线短、容易控制、设备简单、便于操作、产品质量好等优点。但葡萄糖酸内酯作原料，其来源困难，经济效益欠佳。

3. 以葡萄糖为原料的合成路线

（1）催化氧化法

在催化剂存在下，葡萄糖经氧化剂氧化成葡萄糖酸，再与氧化锌作用得到葡萄糖酸锌。氧化法的技术关键是制备高活性的催化剂，该法反应条件温和，容易控制，设备简单，原料来源方便，生产成本低廉。

其合成方程式为

$$2C_6H_{12}O_6 + O_2 \Longrightarrow 2HC_6H_{11}O_7$$
$$2HC_6H_{11}O_7 + ZnO \Longrightarrow Zn(C_6H_{11}O_7)_2 + H_2O$$

（2）发酵法

用黑曲霉菌使葡萄糖氧化为葡萄糖酸，然后与氧化锌（或氢氧化锌）作用得到葡萄糖酸锌。此法发酵保温时间长达 $36\sim48$ h，生产工艺较复杂，反应条件苛刻，生产成本较高。

本实验以复分解合成路线制备葡萄糖酸锌。

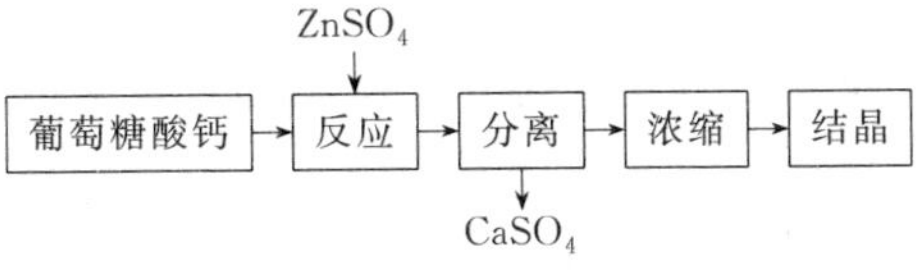

【实验用品】

1. 仪器

电子天平（$d = 0.1$），水浴锅、温度计，抽滤装置，布氏漏斗，吸滤瓶，离心机，铁架台，碱式滴定管，移液管，锥形瓶，蒸发皿，量筒等。

2. 试剂与药品

乙醇（95%），H_2O_2（30%），NH_3-NH_4Cl 缓冲溶液，EDTA 标准溶液，铬

黑 T 指示剂，NaOH 标准溶液，酚酞指示剂，葡萄糖酸钙（$M = 430.37$ g/mol），$ZnSO_4 \cdot 7H_2O$（$M = 287.55$ g/mol）。

【实验内容】

1. 制备

称取 6.7 g $ZnSO_4 \cdot 7H_2O$ 加入小烧杯中，加入 40 mL 的蒸馏水，加热至 90 ℃，搅拌溶解配制成硫酸锌溶液。在 90 ℃水浴中，将 10 g 葡萄糖酸钙慢慢加入硫酸锌溶液中，不断搅拌至溶解，继续在 90 ℃保温 20 min（观察反应，有白色沉淀出现），趁热抽滤除去沉淀（$CaSO_4$），将滤液转入烧杯中，在沸水浴上浓缩至黏稠状（若浓缩液中有沉淀，应过滤除去）。冷却至室温，加入 20 mL 的 95%乙醇（降低葡萄糖酸锌的溶解度），充分搅拌，此时有大量的胶状葡萄糖酸锌析出。倾析法弃去上层乙醇溶液，再加入 20 mL 的 95%乙醇，充分搅拌后，静置，抽滤，烘干，称量。

2. 重结晶

上述得到的粗品置于烧杯中，加入 10 mL 蒸馏水，用 90 ℃水浴加热溶解，趁热减压过滤，滤液冷却至室温，加入 20 mL 的 95%乙醇，充分搅拌，结晶析出后，抽滤，50 ℃下烘干，即得产品。

3. 锌含量测定

准确称取 0.8 g 葡萄糖酸锌产品，溶于 20 mL 水中（可加热），加入 10 mL NH_3-NH_4Cl（pH=10）缓冲溶液，加入 3 滴铬黑 T 指示剂，用 EDTA 标准溶液滴至溶液呈蓝色。样品中锌的含量计算如下：

$$\omega_{Zn} = \frac{c_{EDTA} V_{EDTA} M_{Zn}}{m_s} \times 100\%$$

式中，c_{EDTA} 为 EDTA 浓度，mol/L；V_{EDTA} 为消耗 EDTA 的体积；mL；m_s 为样品的取样量，g。

【思考题】

1. 查阅有关资料，了解微量元素锌在人体中的重要生理作用。

2. 葡萄糖酸钙和硫酸锌的投料比以及溶解所需水量应如何确定？

3. 为什么葡萄糖酸钙和硫酸锌的反应需保持在 90℃的恒温水浴中？

4. 根据乙醇的作用，如何确定其用量？

5. 催化氧化法除实验室提供的催化剂外，还可选择哪些物质做氧化葡萄糖的催化剂？

6. 根据化学反应一般原理，思考催化氧化反应的条件（氧化剂选择及用量、反应温度、时间等）及其优化。

7. 对氧化反应进程（收率）进行表征。

8. 探索成盐反应的条件及其优化。

9. 回收的催化剂如何处理？

10. 分析葡萄糖酸锌结晶及其纯化条件。

11. 复分解制备葡萄糖酸锌，如何减少硫酸根离子杂质含量？

12. 可否用如下的化合物与葡萄糖酸钙反应来制备葡萄糖酸锌？为什么？

　　　　①ZnO　②ZnCl$_2$　③ZnCO$_3$　④Zn（Ac）$_2$

实验 17　三氯化六氨合钴（Ⅲ）的制备

【实验目的】

1. 了解从二价钴盐制备三氯化六铵合钴（Ⅲ）的方法。
2. 掌握无机合成基本操作，确定组成和化学式的原理及方法。
3. 掌握用沉淀滴定法测定样品中氯含量的原理和方法。

【实验原理】

由标准电极电势可知，通常情况下在水溶液中，三价钴盐不如二价钴盐稳定；相反，在生成稳定配合物后，三价钴又比二价钴稳定。因此，常采用空气或 H_2O_2 氧化二价钴配合物的方法来制备三价钴的配合物。

以 $CoCl_2 \cdot 6H_2O$ 为原料在不同条件下可制得氯化钴（Ⅲ）的氨配合物为：橙黄色晶体三氯化六氨合钴（Ⅲ）$[Co(NH_3)_6]Cl_3$、砖红色晶体三氯化五氨·一水合钴（Ⅲ）$[Co(NH_3)_5H_2O]Cl_3$、紫红色晶体二氯化一氯·五氨合钴（Ⅲ）$[Co(NH_3)_5Cl]Cl_2$。在以活性炭作催化剂时，主要生成三氯化六氨合钴（Ⅲ）；在没有活性炭存在时，主要生成二氯化一氯·五氨合钴（Ⅲ）。

本实验以活性炭为催化剂，用过氧化氢氧化有氨气、氯化铵存在的氯化钴（Ⅱ）溶液。其反应方程式为：

$$2CoCl_2 + 2NH_4Cl + 10NH_3 + H_2O_2 \xrightarrow{活性炭} 2[Co(NH_3)_6]Cl_3 + 2H_2O$$

三氯化六氨合钴（Ⅲ）是橙黄色单斜晶体，20℃时在水中的溶解度为 0.26 mol/L。将粗产品溶于稀 HCl 溶液后，通过过滤将活性炭除去，然后在高浓度的 HCl 溶液中析出结晶：

$$[Co(NH_3)_6]_3^{3+} + 3Cl^- \Longrightarrow [Co(NH_3)_6]Cl_3$$

配离子 $[Co(NH_3)_6]^{3+}$ 很稳定，常温时遇强酸和强碱也基本不分解。但强氨条件煮沸时分解放出氨：

$$2[Co(NH_3)_6]Cl_3 + 6NaOH \xrightarrow{\triangle} 2Co(OH)_3 \downarrow + 12NH_3 \uparrow + 6NaCl$$

挥发出的氨用过量标准溶液吸收，再用标准碱滴定过量的盐酸，可测配体氨的个数（配位数）。将配合物溶于水，用电导仪测定 Cl^- 的个数，从而确定配合物的组成。

【实验用品】

1. 仪器

电子天平（$d = 0.1$），量筒，磁力搅拌加热器，恒温水浴锅，温度计，布氏漏斗，吸滤瓶，蒸发皿，分光光度计，电导仪，蒸馏装置，碱式滴定管，滤纸，pH 试纸。

2. 试剂与药品

$CoCl_2 \cdot 6H_2O$ 固体，NH_4Cl 固体，HCl（0.2 mol/L，0.5 mol/L 标准溶液，浓），H_2O_2（6%），NaOH（0.2 mol/L，20%，40%，0.5 mol/L 标准溶液），$NH_3 \cdot H_2O$（浓），活性炭，甲基红指示剂。

【实验内容】

1. 三氯化六氨合钴（Ⅲ）的制备

将 3.0 g $CoCl_2 \cdot 6H_2O$ 晶体和 2.0 g NH_4Cl 加入锥形瓶中，加入 5.0 mL 水，微热溶解。加入 1.0 g 活性炭，摇动锥形瓶，使其混合均匀。再用流水冷却后，加入 7.0 mL 浓氨水，再冷却至 10.0 ℃ 以下，慢慢滴加 10.0 mL 6% 的 H_2O_2 溶液（10 min 左右），水浴加热至 55～65 ℃（不能加热沸腾），恒温保持 20 min（提高反应速率，保证反应完全）并不断旋转锥形瓶。然后用冷水彻底冷却至 0 ℃ 左右，减压过滤（不能洗涤沉淀），将沉淀转入含有 2.0 mL 浓 HCl 的 25 mL 沸水中，趁热过滤。滤液转入锥形瓶中，加入 4.0 mL 浓 HCl，再用水彻底冷却，待有大量橘黄色晶体析出，过滤。晶体在烘箱中干燥，称量，计算产率。

2. 三氯化六氨合钴（Ⅲ）的氨的测定

样品滴定：准确称取 0.2 g 的样品，加入烧杯中，加 20 mL 水溶解，转移到凯氏定氮仪的玻璃管中（仪器启动后，自动向玻璃管中加碱），取一个 250 mL 锥形瓶，加入约 30 mL 硼酸溶液放到凯氏定氮仪中。启动仪器，待仪器自动完成工作，取下锥形瓶。加入 10 滴甲基橙-溴甲酚绿指示剂，开始用盐酸标准溶液滴定。待滴定至溶液颜色出现淡红色，停止滴定，将锥形瓶放到电炉上加热煮沸 2 min，冷至室温，再滴定，出现暗红色不消失即为终点。重复实验两次。

3. 三氯化六氨合钴（Ⅲ）的氯的测定

样品滴定：准确称取 0.45 g 的样品，加入烧杯中，加 20 mL 水溶解，转移到 100 mL 容量瓶中，定容配成样品溶液。用 25 mL 移液管移取样品溶液于 250 mL 锥形瓶中，加入 0.5 mL 2.5% K_2CrO_4 溶液，酸式滴定管中加入 $AgNO_3$ 标准溶液，进行滴定。出现砖红色沉淀不消失即为终点，停止滴定。重复实验两次。

注意：

① 实验中所用活性炭越细越好，否则催化效果不明显，导致实验失败。

② 应将 2.0 mL 浓盐酸加入沸水中，不能先将浓盐酸加入水中再把溶液加热。

③ 氯离子终点判断比较困难，一般要求刚出现砖红色即结束。

【思考题】

1. 实验制备过程中，在水浴上恒温加热 20 min 的目的是什么？能否加热至沸腾？

2. 实验中几次加入浓盐酸的作用是什么？

3. 要使$[Co(NH_3)_6]Cl_3$合成产率高，你认为哪些步骤是比较关键的？

4. 为什么在抽滤之前要冷却至 0 ℃左右，然后再抽滤，滤液弃去？

5. 氯化铵在制备三氯化六氨合钴（Ⅲ）中有什么作用？

6. 对比钴（Ⅲ）盐与钴（Ⅱ）盐的稳定性。

7. 怎么选择氧化反应中的催化剂？

实验 18　二草酸合铜（Ⅱ）酸钾的制备

【实验目的】

1. 掌握无机盐之间转化的基本原理及实验操作。

2. 制备二草酸根合铜（Ⅱ）酸钾的晶体。

3. 进一步掌握水浴加热、沉淀、倾析、沉淀洗涤、结晶、过滤等一系列基本操作。

【实验原理】

二草酸合铜（Ⅱ）酸钾 $K_2[Cu(C_2O_4)_2] \cdot 2H_2O$ 为蓝色晶体，微溶于冷水，可溶于热水，微溶于乙醇，干燥时较为稳定，加热时易分解。二草酸根合铜（Ⅱ）酸钾的制备方法很多，可以由氧化铜或氢氧化铜与草酸氢钾反应制备，也可以由硫酸铜与草酸钾直接混合来制备。

本实验由氧化铜与草酸氢钾反应制备二草酸合铜（Ⅱ）酸钾。$CuSO_4$ 在碱性条件下生成 $Cu(OH)_2$ 沉淀，加热沉淀则转化为易过滤的 CuO。一定量的 $H_2C_2O_4$ 溶于水后加入 K_2CO_3 得到 KHC_2O_4 和 $K_2C_2O_4$ 混合溶液，该混合溶液与 CuO 作用生成二草酸合铜（Ⅱ）酸钾 $K_2[Cu(C_2O_4)_2]$，经水浴蒸发、浓缩，冷却后得到蓝色 $K_2[Cu(C_2O_4)_2] \cdot 2H_2O$ 晶体。

涉及的反应有：

$$CuSO_4 + 2NaOH =\!=\!= Cu(OH)_2(s) + Na_2SO_4$$
$$Cu(OH)_2 =\!=\!= CuO + H_2O$$
$$2H_2C_2O_4 + K_2CO_3 =\!=\!= 2KHC_2O_4 + CO_2 + H_2O$$
$$2KHC_2O_4 + CuO =\!=\!= K_2[Cu(C_2O_4)_2] + H_2O$$

二草酸合铜（Ⅱ）酸钾在水中的溶解度很小，但可加入适量的氨水，使铜离子形成铜铵离子而溶解（pH≈10），溶剂亦可采用 2 mol/L NH_4Cl 和 1 mol/L 氨水等体积混合组成的缓冲溶液。PAR 指示剂属于吡啶基偶氮化合物，即 4-(2-吡啶基偶氮)间苯二酚。指示剂本身在滴定条件下显黄色，铜离子与 EDTA 显蓝色，终点为黄绿色（pH 为 5～7）。

【实验用品】

1. 仪器

电子天平（$d=0.1$），磁力搅拌加热器，水浴装置，温度计，量筒，烧杯，布氏漏斗，吸滤瓶，蒸发皿，真空水泵，滤纸，锥形瓶。

2. 试剂与药品

$CuSO_4 \cdot 5H_2O$，$H_2C_2O_4 \cdot 2H_2O$，$K_2CO_3 \cdot 2H_2O$，NaOH（2 mol/L），氨水（1∶1），$Na_2C_2O_4$，H_2SO_4（3 mol/L），HCl（6 mol/L），HCl（2 mol/L），

H_2O_2（30％），EDTA 标准溶液，$KMnO_4$ 标准溶液。

【实验内容】

1. 制备氧化铜

称取 2.0 g $CuSO_4 \cdot 5H_2O$ 于 100 mL 烧杯中，加入 40 mL 水溶解，在搅拌下加入 10 mL 2 mol/L NaOH 溶液，小火加热至沉淀变黑（生成 CuO），再煮沸约 20 min。稍冷后以双层滤纸过滤，用少量去离子水洗涤沉淀两次。

2. 制备草酸氢钾

称取 3.0 g $H_2C_2O_4 \cdot 2H_2O$ 于 250 mL 烧杯中，加入 40 mL 去离子水，微热溶解（温度不能超过 85 ℃），稍冷后分数次加入 2.2 g 无水 K_2CO_3，溶解后生成 KHC_2O_4 和 $K_2C_2O_4$ 混合溶液。

3. 制备二草酸根合铜（Ⅱ）酸钾

将含有 KHC_2O_4 的混合溶液水浴加热，再将 CuO 连同滤纸一起加入该溶液中。水浴加热，充分反应约 30 min 至沉淀大部分溶解。趁热过滤，用少量沸水洗涤两次，将滤液转入蒸发皿中，水浴加热将滤液浓缩至原体积的二分之一。放置约 10 min 后用自来水彻底冷却。待大量晶体析出后吸滤，用滤纸把水吸干、称重，计算产率。

注意：

① 洗涤氧化铜沉淀，每次用水量不超过 10 mL。

② 制 KHC_2O_4 溶液时，溶解 $H_2C_2O_4$ 可小火加热，全溶后再分批加入 K_2CO_3 溶液中。

③ 氧化铜洗净后连同滤纸一起放入 KHC_4O_2。

【思考题】

1. 请设计由硫酸铜合成二草酸根合铜（Ⅱ）酸钾的其他方案。

2. 实验中为什么不采用氢氧化钾与草酸反应生成草酸氢钾？

3. $C_2O_4^{2-}$ 和 Cu^{2+} 分别测定的原理是什么？除本方法外，还可以采用什么分析方法？

4. 应用化学平衡原理，如何将化学反应进行彻底？

5. 本实验用何种方式析出晶体？

实验 19　易拉罐制备明矾

【实验目的】

1. 了解明矾的制备方法。

2. 认识铝和氢氧化铝的两性。

3. 练习和掌握溶解、过滤、结晶以及沉淀的转移和洗涤等无机制备中常用的基本操作。

4. 培养自行设计测定产品组成、纯度和产率的方法。

【实验原理】

硫酸铝钾的化学式为 $KAl(SO_4)_2 \cdot 12H_2O$，无色立方晶体，外表常呈八面体或立方体，密度 $1.757~\text{g/cm}^3$，熔点 $92.5~℃$，俗称明矾，是一种典型的复盐，溶于水，不溶于乙醇。明矾溶于水后产生 Al^{3+}，Al^{3+} 水解生成 $Al(OH)_3$ 胶体，该胶体粒子带有正电荷，与带负电荷的泥沙胶粒相遇，失去了电荷的胶粒很快就聚结在一起，粒子变大形成沉淀沉入水底，使水澄清。所以，明矾常可用作净水剂。明矾中所含有的铝对人体有害，长期饮用明矾净化的水，可能会引发阿尔茨海默病。因此，现在已经不再用明矾做净水剂，但其在食品改良剂和膨松剂等方面还有一定的应用。

易拉罐多以铝合金为表面原料，再在罐的内壁涂上有机层，使饮料与铝合金隔离开来，以防人体摄入过量铝而影响健康，易拉罐含铝约 95%，还有少量镁、锰、硅、铁、铜等，易溶于酸，在碱中大部分能溶解。

本实验以易拉罐为原料，经表面处理、剪成碎屑后，溶于氢氧化钠溶液中得 $NaAlO_2$ 溶液（氢气遇明火爆炸，碱溶解易拉罐必须在通风橱中进行）：

$$2Al + 2NaOH + 2H_2O \Longrightarrow 2NaAlO_2 + 3H_2 \uparrow$$

用 H_2SO_4 溶液调节溶液的 pH，使溶液中的 $NaAlO_2$ 转化为 $Al(OH)_3$ 沉淀：

$$2NaAlO_2 + H_2SO_4 + 2H_2O \Longrightarrow 2Al(OH)_3 \downarrow + Na_2SO_4$$

在加热条件下将氢氧化铝溶于硫酸形成硫酸铝溶液，再加入等物质的量的 K_2SO_4 溶解后冷却，结晶过滤，烘干得到明矾晶体（表 4-2）。

$$2Al(OH)_3 + 3H_2SO_4 \Longrightarrow Al_2(SO_4)_3 + 6H_2O$$

$$Al_2(SO_4)_3 + K_2SO_4 + 24H_2O \Longrightarrow 2KAl(SO_4)_2 \cdot 12H_2O$$

表 4-2　不同温度下硫酸钾、硫酸铝、明矾的溶解度　　　　　　单位：g/100g 水

温度 $T/℃$	0	10	20	30	40	50	60	70	80	90	100
K_2SO_4	7.4	9.3	11.1	13.0	14.8	16.6	18.2	19.8	21.4	22.4	24.1
$Al_2(SO_4)_3 \cdot 18H_2O$	31.2	33.5	36.4	40.4	45.8	52.2	59.2	66.2	73.0	86.8	89.0
$KAl(SO_4)_2 \cdot 12H_2O$	3.00	3.99	5.90	8.39	11.7	17.0	24.8	40.0	71.0	109	154

【实验用品】

1. 仪器

电子天平（$d=0.1$），剪刀，磁力搅拌加热器，水浴装置，容量瓶，量筒，烧杯，布氏漏斗，吸滤瓶，真空水泵，蒸发皿，表面皿，滤纸，锥形瓶，砂纸，移液管，酸式滴定管。

2. 试剂与药品

铝片（易拉罐），NaOH，H_2SO_4（3 mol/L），K_2SO_4，EDTA 标准溶液，乙醇，六亚甲基四胺（20%），饱和 NH_4HCO_3 溶液，氨水，二甲酚橙指示剂。

【实验内容】

1. 由易拉罐制备 $NaAlO_2$ 溶液

（1）易拉罐前处理

用砂纸将废弃易拉罐表层的涂层或漆膜清除，洗净，干燥，用剪刀剪成细屑。

（2）用易拉罐制备 $NaAlO_2$ 溶液

将 1.5 g NaOH 固体放入 100 mL 烧杯中，加入 15 mL 去离子水使其溶解。在通风橱内 60～80 ℃水浴中加热，分 2～3 次加入 0.5 g 处理过的易拉罐细屑，盖上表面皿，微热至反应结束（细屑消失或不再上下浮动，表面无微小气泡生成，溶液发黑或发灰），减压过滤，无色澄清滤液保留。

2. 硫酸铝钾的制备

（1）$Al(OH)_3$ 沉淀的生成与洗涤

在制得的 $NaAlO_2$ 溶液中逐滴滴加 4 mL 3mol/L 的 H_2SO_4 溶液，调节溶液的 pH 为 7～8，溶液中生成大量的白色氢氧化铝沉淀，减压抽滤，并用蒸馏水洗涤沉淀 2～3 次。

（2）明矾的制备

将抽滤后所得的氢氧化铝沉淀转入蒸发皿中，缓慢滴加 5 mL 1∶1 H_2SO_4 [尽量使 $Al(OH)_3$ 沉淀溶解]，加 10 mL 水溶解（此时溶液为澄清溶液），再加入 2.5 g 硫酸钾加热至溶解（水浴 70 ℃），水浴蒸发 5 mL 溶液（有时底部会有少量晶体析出）。将所得溶液在空气中自然冷却后，加入 3～5 mL 无水乙醇，待结晶完全后，减压过滤，用 1∶1 的水-乙醇混合溶液洗涤晶体两次。将晶体用滤纸吸干，称重，计算产率。

注意：

① 易拉罐表面的涂层或漆膜（主要成分为烃类化合物）需要用砂纸打磨干净，避免后期对明矾纯度的影响。

② 铝屑与 NaOH 溶液需要反应完全至无气泡产生，如果还有小气泡需要继续反应。溶液反应完注意易拉罐内壁的防腐涂层。

③ 影响晶粒生成的条件：晶体颗粒的大小与结晶条件有关。溶质的溶解度越小，或溶液的浓度越高，或溶剂的蒸发速度越快，或溶液冷却得越快，析出的晶粒就越细小。

④ 在明矾结晶过程中加入少量的乙醇，是为了使其快速地结晶出来。

⑤ 明矾的制备有碱溶法和酸溶法。酸溶法产品杂质较多且溶解时耗时较长。碱溶法一种是氢氧化钾溶解铝并加酸后直接蒸发浓缩形成结晶；另一种是氢氧化钾溶解铝后加酸调节 pH 约为 7～8，过滤形成的氢氧化铝沉淀，向沉淀中加酸溶解并加入硫酸钾后蒸发结晶，后一种方法较优。因为将氢氧化铝沉淀过滤能减少其他杂质，提高产品纯度。

【思考题】

1. 计算用 0.5 g 纯的金属铝能生成多少克硫酸铝？这些硫酸铝需与多少克硫酸钾反应？

2. 调节溶液的 pH 为什么用稀酸、稀碱，而不用浓酸、浓碱？

3. 若铝中含有少量铁杂质，在本实验中如何除去？

4. 本实验中，几次加热的目的是什么？

5. 制得的明矾溶液为何采用自然冷却得到结晶，而不采用骤冷的办法？

第5章　开放拓展实验

实验 20　镁铝水滑石的制备与表征

【实验目的】

1. 学习水滑石材料的制备方法。
2. 了解层状化合物的结构和表征方法。
3. 了解阴离子型层状化合物的特征峰。

【实验原理】

水滑石是一种层柱状双金属氢氧化物，简称 LDHs（layered double hydroxids），有时也被称作阴离子黏土，$Mg_6Al_2(OH)_{16}CO_3 \cdot 4H_2O$ 是一种天然存在的矿物，其层间阴离子主要局限为 CO_3^{2-}，天然水滑石存在量是有限的，因而人工合成镁铝水滑石的研究和应用引起了人们的高度重视和关注。

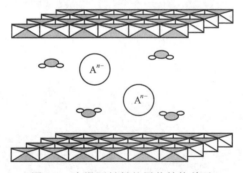

图 5-1　水滑石材料的层状结构单元

图 5-1 为水滑石材料的层状结构单元示意图，由具有水镁石 $Mg(OH)_2$ 结构的氢氧化物层作为主体层（层板），由阴离子和层间水组成客体层，主体层和客体层交互堆积构成层状结构。LDHs 的化学组成具有如下通式：$[M_{1-x}^{2+}M_x^{3+}(OH)_2]^{x+}$ $(A^{n-})_{x/n} \cdot mH_2O$，其中 M^{2+} 和 M^{3+} 分别为位于主体层板上的二价和三价金属阳离子，如 Mg^{2+}、Ni^{2+}、Zn^{2+}、Mn^{2+}、Cu^{2+}、Co^{2+}、Pd^{2+}、Fe^{2+} 等二价阳离子和 Al^{3+}、Cr^{3+}、Co^{3+}、Fe^{3+} 等三价阳离子均可以形成水滑石；A^{n-} 为层间阴离子，可以包括无机阴离子、有机阴离子、配合物阴离子、同多酸和杂多酸阴离子等；x 为 M^{3+} 与 $(M^{2+}+M^{3+})$ 的摩尔比值，大约是 $4:1 \sim 2:1$；m 为层间水分子的个数。其结构类似于水镁石 $Mg(OH)_2$，由 MO_6 八面体共用棱边而形成主体

层板。位于层板上的二价金属阳离子 M^{2+} 可以在一定的比例范围内被离子半位相近的三价金属阳离子 M^{3+} 同晶取代，使得层板带正电荷，层间存在可以交换的阴离子与层板上的正电荷平衡，使得 LDHs 的整体结构呈电中性。此外，通常情况下在 LDHs 层板之间尚存在着一些客体水分子。

合成水滑石的方法有很多，常用的有共沉淀法、水热合成法。本实验用共沉淀法，根据投料方式不同可分为单滴法和双滴法。共沉淀法是制备水滑石的基本方法，即以可溶性铝盐和镁盐与沉淀剂反应生成沉淀物，经过滤、洗涤、干燥后制得水滑石。并通过 X 射线衍射仪的检测，得出镁铝水滑石的 XRD 谱图，分析出所制水滑石的表征。

【实验用品】

1. 仪器

电子天平（$d=0.1$），滴液漏斗，X 射线衍射仪，恒温鼓风干燥箱，量筒，烧杯，玻璃棒，pH 试纸，水循环真空泵，抽滤瓶，布氏漏斗，酸式滴定管，容量瓶，锥形瓶，滴定台。

2. 试剂与药品

$Mg(NO_3)_2 \cdot 6H_2O$，$Al(NO_3)_3 \cdot 9H_2O$，NaOH，Na_2CO_3，基准物 ZnO，乙二胺四乙酸二钠盐，二甲基酚橙指示剂，HAc-NaAc 缓冲液（pH＝5），NH_3-NH_4Cl 缓冲液（pH＝10），铬黑 T 指示剂，六亚甲基四胺，三乙醇胺。

【实验内容】

1. 实验合成

配制 $n(Mg^{2+}) : n(Al^{3+}) = 2 : 1$ 的 $Mg(NO_3)_2$ 与 $Al(NO_3)_3$ 的混合溶液 100 mL，其中 Mg^{2+} 的浓度为 0.5 mol/L，再配制 100 mL NaOH（$c=1.0$ mol/L）与 Na_2CO_3（$c=0.5$ mol/L）的混合溶液。将混合碱慢慢加入到上述的（Mg^{2+} ＋ Al^{3+}）溶液中，并剧烈搅拌，随着反应的进行，混合液逐渐出现白色沉淀，用 pH 试纸测定 pH≈10 时，停止滴加碱混合液。然后回流晶化 2 h，抽滤，水洗，将制得的产物于 70 ℃ 干燥 24 h，最后研磨。

实验流程图

2. 表征

（1）XRD 表征

扫描速度为 5°/min，2θ 角度范围为 3°～70°，分别记录镁铝水滑石样品的 XRD 谱图。

（2）IR 表征

KBr 压片，记录镁铝水滑石样品在 $4000\sim200\ cm^{-1}$ 范围的红外吸收谱图。

（3）产物中 Mg^{2+}、Al^{3+} 含量的测定

① EDTA 的配制：称取乙二胺四乙酸二钠盐 1.9 g，溶于 $150\sim200\ mL$ 温热的去离子水中，冷却，稀释至 500 mL，摇匀。

② 锌标准溶液的配制：准确称量 $0.2\sim0.22\ g$ ZnO 置于小烧杯中，加入 2 mL 6 mol/L HCl 溶液溶解，转移，准确定容至 250.0 mL 容量瓶。

③ EDTA 标定：取 25.00 mL Zn^{2+} 标准溶液，加入 $1\sim2$ 滴 0.5% 二甲基酚橙指示剂，变黄，再加 20% 六亚甲基四胺溶液至橙红色后再加 2 mL，用 0.01 mol/L EDTA 标定，溶液变亮黄。

④ Mg^{2+} 的测定

取 25.00 mL 溶液于锥形瓶，加入过量三乙醇胺掩蔽剂，加入 NH_3-NH_4Cl 缓冲溶液调节 pH=10，铬黑 T 做指示剂，再用 EDTA 滴定，至溶液为纯蓝色，记录消耗体积，计算含量。

⑤ Al^{3+} 的测定

取 25.00 mL 溶液于锥形瓶，加入过量 EDTA 标准溶液煮沸 1 min，冷却后加入 HAc-NaAc 缓冲溶液，调节 pH=6，二甲基酚橙做指示剂，用 Zn^{2+} 标准溶液滴至浅红色。记录消耗体积，计算含量。

（4）产物中结构水含量的测定

利用热分析法确定产物中的结构水含量。

【思考题】

1. 如何判断出所制备的产品是水滑石材料？要符合哪些特征？

2. 结合所学知识，思考什么条件下能制备出晶型好、杂质少的水滑石材料？

3. 查阅文献，水滑石材料在生产生活有哪些应用？

实验 21　Keggin 型 $H_3PW_{12}O_{40}$ 的制备及其光降解有机染料的研究

【实验目的】

1. 了解杂多酸的制备方法。

2. 掌握多酸物质的表征方法和手段。

3. 了解光催化降解的物质种类。

4. 拓展知识结构。

【实验原理】

随着工业化的发展，有机污染物已经成为全球主要环境污染源之一，特别是工业染料废水的大量增加使水体污染问题十分严重，对环境造成了严重的危害。由于有些有机污染物的浓度低、毒性大、结构稳定、很难生物降解，用传统的污水处理方法很难除去。1972 年，日本东京大学 Fujishima A 和 Honda K 两位教授首次报告发现 TiO_2 光催化分解水产生氢气这一现象，从而光催化剂一跃成为最活跃的研究领域。

Keggin 型磷钨酸，即磷钨杂多酸，其分子式为 $H_3PW_{12}O_{40} \cdot nH_2O$，结构如图 5-2 所示，由 12 个钨氧八面体和磷酸根离子组成。磷钨酸分子中的 12 个钨氧八面体通过氧原子与磷酸根离子相联结，形成了一个大型的结构。它属于一种固体强酸，在有机催化反应中可用作催化剂，十二钨磷酸化合物具有可以同传统的光催化剂 TiO_2 相媲美的光催化性能。

图 5-2　Keggin 型 12 钨磷酸结构

【实验用品】

1. 仪器

红外光谱仪，分光光度计，电子天平（$d = 0.1$），磁力恒温搅拌器，汞灯，紫外可见分光光度计，蒸发皿，烧杯，容量瓶等。

2. 试剂与药品

钨酸钠，磷酸氢二钠，盐酸（浓，6 mol/L），乙醚，双氧水（3%）。

【实验内容】

1. Keggin 型 $H_3PW_{12}O_{40}$ 的制备

取 5 g 钨酸钠和 0.8 g 磷酸氢二钠溶于 20 mL 热水（60～70 ℃）中，继续加热，同时边搅拌边用移液管加入 5 mL 浓盐酸，继续加热 30 s，此刻溶液略呈淡黄色。冷却至 40 ℃。将烧杯中的溶液转移到分液漏斗中，待溶液降至室温后，向分液漏斗中先加入 7 mL 乙醚，再加入 2 mL 6 mol/L 盐酸，振荡 15min，静置后，分出下层油状物，放入蒸发皿中。将蒸发皿放在装有沸水的烧杯上，水浴蒸乙醚，直至液体表面有晶膜出现为止。取下蒸发皿放在通风处干燥、冷却，待乙醚完全蒸发后，得黄色十二钨磷酸固体，称量，计算产率。

注意：

① 实验中制备的溶液要用去离子水。

② 实验需在通风良好的地方进行。

③ 制备过程中要注意加热温度和通气速度，以免造成危险。

④ 若在蒸发时，液体变蓝，可加入少量3%的双氧水使蓝色褪去。

2. 甲基红降解试验

配制 50 mL 浓度 20 mg/L 的甲基红染料溶液，避光保存。称取 50 mg 的十二钨磷酸，分散在甲基红染料溶液中，避光搅拌。将混合液在 300 W 的汞灯下照射 2 h，通入冷凝水，保持温度，并不断地搅拌混合液，每隔 3 min 取样进行测试。通过紫外可见分光光度计进行测定。通过测试不同时间试样的吸光度，计算出降解率。

【思考题】

1. 查阅资料，多酸化合物在哪些方面有实际应用？

2. 如何根据吸光度计算降解率？

3. 结合查阅的文献资料，说明影响光催化效果的因素有哪些。

实验 22　纳米 Cu$_2$O 的制备与催化 H$_2$O$_2$ 分解

【实验目的】

1. 了解实验机理和纳米氧化亚铜材料的相关知识。

2. 制备纳米氧化亚铜，并对其性能进行分析和研究。

【实验原理】

自然界的 Cu$_2$O 存在于红棕色的赤铜矿中，人工合成的通常呈粉末状态，由于合成方法的不同和颗粒大小的差异，Cu$_2$O 表现出不同的颜色，如黄色、橙色以及红棕色等颜色。在干燥的空气中，Cu$_2$O 的性质比较稳定，而在潮湿的空气中，Cu$_2$O 容易被氧化成黑色的 CuO，从而变质。

Cu$_2$O 的晶体结构为赤铜矿型。在此晶体的晶胞中，氧原子位于晶胞的顶角和中间的位置，而铜原子位于四个相互错开的八分之一晶胞立方体的中心位置，每个亚铜离子和两个氧离子联结，作直线排列，位数为 2，如图 5-3 所示。

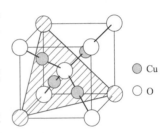

图 5-3　Cu$_2$O 的晶胞示意图

由于粒子的尺寸和形貌对纳米材料的性能有很大影响，近年来，关于纳米材料形貌研究引起了材料学领域的广泛关注。Cu$_2$O 纳米材料因其独特的性质而受到广大学者的青睐。

通过控制晶体成核生长，添加各种模板剂、表面活性剂、添加剂等方法可以制备出具有不同形貌结构的 Cu$_2$O 纳米材料。本实验主要是常温下制备 Cu$_2$O 纳米材料，在强碱条件下以葡萄糖为分散剂，水合肼为还原剂，还原 Cu(Ac)$_2$·2H$_2$O 或 CuSO$_4$·5H$_2$O，制备 Cu$_2$O 纳米材料。以水合肼为还原剂，强碱条件下发生的反应如下所示：

$$Cu^{2+} + OH^- + N_2H_4 \cdot H_2O \longrightarrow Cu_2O + N_2 \uparrow + H_2O$$

纳米 Cu$_2$O 是一种 p 型半导体材料，能带间隙约为 2.0～2.17 eV，具有较好的光电子交换特性、高的光催化活性、较强的吸附作用、抗菌活性等。本实验利用制备的不同粒径和形貌纳米 Cu$_2$O 催化 H$_2$O$_2$ 分解，对比加入前后、不同粒径的 Cu$_2$O 催化 H$_2$O$_2$ 分解速率的快慢，其分解反应如下：

$$H_2O_2 \xrightarrow{Cu_2O} H_2O + O_2 \uparrow$$

【实验用品】

1. 仪器

电子天平（$d = 0.1$），离心机，离心管，恒温磁力搅拌器，X-射线粉末衍射仪，干燥烘箱，量筒，烧杯，烧瓶等。

2. 试剂与药品

葡萄糖，水合肼（80%），$Cu(Ac)_2 \cdot 2H_2O$，H_2O_2，NaOH，$CuSO_4 \cdot 5H_2O$，无水乙醇，蒸馏水等。

【实验内容】

1. 材料的制备与表征

① 称取 10.0 g $CuSO_4 \cdot 5H_2O$ 于 250 mL 的烧杯中，加入 40 mL 蒸馏水，配成 1 mol/L 的 $CuSO_4$ 溶液，记为 A 液。后称取 4.0 g NaOH，配制成 5 mol/L 的 NaOH 水溶液，记为 B 液。随后再配制 2 mol/L 的 $C_6H_{12}O_6$ 水溶液 40 mL，记为 C 液。

② 将配制好的 A 液放于恒温磁力加热搅拌器中，调节反应温度为 60 ℃，在保持磁力搅拌的情况下将 B 液逐滴加入 A 液中，继续搅拌，得到 $Cu(OH)_2$ 的沉淀，然后将 C 液加入混合体系中，反应不同时间（30 min、45 min、60 min、75 min、90 min）后，分别用蒸馏水和无水乙醇离心 5 次，于 60 ℃ 干燥 2 h，得到一组反应时间不同的 Cu_2O 样品。

③ 对所得到的样品进行 XRD 与 SEM 等测试，观察 Cu_2O 样品是否成功制备，以及不同反应时间制备材料所对应的不同形貌。

2. 催化 H_2O_2 分解

取 3 支试管，向其中加入约 5 mL 的 H_2O_2，观察未加入 Cu_2O 样品前 H_2O_2 分解情况；随后向三支试管中加入前述制备的一支作为空白对照组，其余 5 组中分别加入制备的 Cu_2O 纳米材料，观察 H_2O_2 分解情况。

【思考题】

1. 思考制备 Cu_2O 纳米材料所使用的还原剂，除了水合肼以外，还有没有其他的替代物？

2. 通过调研文献，解释以 $CuSO_4 \cdot 5H_2O$ 或 $Cu(Ac)_2 \cdot 2H_2O$ 为前体能否制备 CuO 纳米材料？

3. 通过查阅文献，总结几种不同的制备 Cu_2O 纳米材料的方法，并比较优缺点。

实验 23　MnO₂ 纳米花的制备及催化降解 RhB

【实验目的】

1. 了解实验机理和纳米二氧化锰材料的相关知识。

2. 了解纳米二氧化锰的液相制备方法，以及对其形貌和催化性能进行分析的方法。

3. 了解实验环境对纳米二氧化锰催化降解 RhB 性能的影响。

【实验原理】

MnO_2 是一种具有多种晶型结构和复杂几何形貌的功能性过渡金属氧化物，其地球储量丰富，价格低廉且环境友好，在催化、电化学和吸附等方面展示出优良的物理化学特性能，因此被广泛应用在电池、电催化、环境治理以及生物医学等领域。

二氧化锰的基本单元由单个 Mn 原子以及 6 个 O 原子组成 $[MnO_6]$ 八面体结构，通过六方密堆积结构或立方密堆积结构相联结，原子层间存在四面体空穴与八面体空穴。根据 $[MnO_6]$ 八面体相互联结的方式以及孔道间隙间阳离子与配体的不同，二氧化锰存在种类繁多的晶体构成方式，其中最主要的存在形式有 α-MnO_2、β-MnO_2、γ-MnO_2、δ-MnO_2 以及 λ-MnO_2，其晶体结构示意如图 5-4 所示。

MnO_2 纳米材料的制备方法有很多，并且每种制备方法得到的 MnO_2 晶体结构和形貌相差较大。其中，比较常见的方法有液相共沉淀法、低温固相法、溶胶-凝胶法、水热法和模板法等。本实验利用液相合成的方法，在 90 ℃下，以高锰酸钾为前驱体，在酸性条件制备水钠锰矿型二氧化锰（Bir-MnO_2）纳米花，生长过程如图 5-5 所示，利用 X 射线衍射仪和扫描电子显微镜等手段，对制备的 Bir-MnO_2 结构与形貌进行表征。

罗丹明 B（RhB）是工业染色中的一种人工合成碱性荧光染料，对人体有严重毒害，是急需去除的代表性染料污染物之一。锰氧化物纳米材料被广泛应用于水污染治理领域，特别是 MnO_2 纳米材料，在降解 RhB 方面表现出优越的性能。目前，利用 MnO_2 纳米材料降解 RhB 的方法主要有两种：一种方法是通过向反应中添加氧化物（H_2O_2 或 O_3），再配合紫外光/可见光源照射对 RhB 进行降解；另一种方法是通过提供酸性环境，增强 MnO_2 的氧化性，直接氧化降解 RhB。比较两种方法，在酸性环境下利用 MnO_2 直接氧化降解 RhB 的方法更简单，只需控制反应体系 pH 值，无需其他具体氧化性的化学物质并且对光源无要求，更适用于实际污染环境的净化。本实验在酸性条件下，以制备的 Bir-MnO_2 样品氧化降解 RhB，考察纳米花尺寸、溶液 pH 等对降解性能的影响以及循环降解的能力。

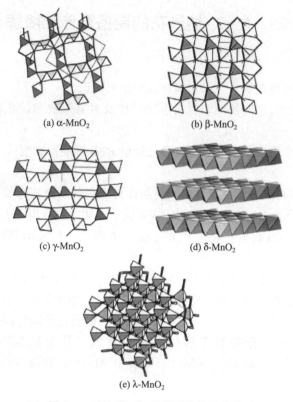

(a) α-MnO₂

(b) β-MnO₂

(c) γ-MnO₂

(d) δ-MnO₂

(e) λ-MnO₂

图 5-4　五种 MnO₂ 的晶型结构示意图

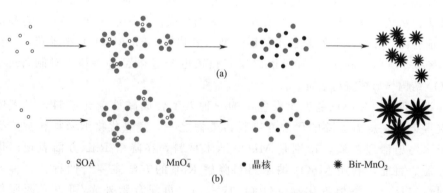

| ○ SOA | ● MnO_4^- | ● 晶核 | ✳ Bir-MnO₂ |

图 5-5　二氧化锰（Bir-MnO₂）纳米花生长的示意图

【实验用品】

1. 仪器

电子天平（$d=0.1$），离心机，离心管，恒温磁力搅拌器，X-射线粉末衍射仪，场发射扫描电镜，紫外-可见吸收光谱仪，干燥烘箱，烧杯等。

2. 试剂与药品

高锰酸钾，油酸钠（SOA），H_2SO_4，罗丹明 B（RhB），无水乙醇，蒸馏水等。

【实验内容】

1. 材料的制备与表征

① 分别配制 0.1 mol/L 的高锰酸钾（$KMnO_4$）溶液、0.05 mol/L 油酸钠（SOA）溶液、2 mol/L 硫酸（H_2SO_4）溶液，待用。

② 水浴温度 90 ℃，在搅拌的条件下，将一定体积 SOA 溶液倒入 100 mL $KMnO_4$ 溶液中，混合均匀后，加入 10 mL H_2SO_4 溶液，反应直至溶液无色。所得沉淀用蒸馏水洗涤若干次，再用无水乙醇清洗若干次。

③ 按照上述实验条件，改变 SOA 用量（1.0 mL、2.0 mL、3.0 mL、4.0 mL、5.0 mL）制备不同尺寸的样品，最后将所得样品置于 60 ℃烘箱中烘干，研磨成粉，储存待用。

④ 对所得到的样品进行 XRD 与 SEM 等测试，观察纳米 MnO_2 样品是否成功制备，以及不同反应条件制备材料所对应的不同粒径。

2. 催化降解 RhB 溶液

① 配制 20 mg/L 的 RhB 溶液，0.1 mol/L、0.01 mol/L、0.001 mol/L 盐酸溶液，待用。

② 将 10 mg 制备 Bir-MnO_2 纳米花加入 100 mL 的 RhB 溶液中，超声 5 min；然后在搅拌的条件下，加入 1 mL 的上述盐酸溶液。在上述降解条件下，分别在反应 0 min、5 min、10 min、30 min、60 min 提取 5 mL 悬浮液，以 8500 r/min 的速度离心 5 min，上清液立即利用紫外-可见吸收光谱仪进行分析，得到溶液中 RhB 的浓度。

【思考题】

1. SOA 在 Bir-MnO_2 纳米花制备过程中的作用是什么？

2. 通过调研文献，解释 Bir-MnO_2 纳米花催化降解 RhB 溶液的可能机理。

3. 通过查阅文献，总结 α-MnO_2、β-MnO_2、γ-MnO_2、δ-MnO_2 以及 λ-MnO_2 几种不同纳米材料制备方法，及各种晶型应用的领域。

第6章 趣味实验

实验24 奇妙的水中花园

【实验目的】

1. 了解硅酸盐的性质。

2. 激发学习兴趣，感受化学的魅力。

【实验原理】

硅酸盐大多数不溶于水（除了碱金属的硅酸盐），因此，当金属盐固体加入硅酸钠溶液后，缓慢地和硅酸钠反应，生成各种不同颜色的硅酸盐胶体。例如

$$CuSO_4 + Na_2SiO_3 =\!=\!= CuSiO_3 \downarrow + Na_2SO_4$$
$$Mn(NO_3)_2 + Na_2SiO_3 =\!=\!= MnSiO_3 \downarrow + 2NaNO_3$$

多相体系中，生成的硅酸盐固体与液体的接触面会形成半透膜，由于存在渗透压，水分子会不断渗入膜内，导致膜破裂，金属盐又与硅酸钠接触，生成新的胶状金属硅酸盐。如此反复，硅酸盐就会像树一样生长，形成芽状或树枝状。

【实验用品】

100 mL 烧杯，自来水、硅酸钠、块状硫酸铜（蓝色）、块状硫酸镍（绿色）、块状氯化钙（白色）、块状氯化铁（黑色）、硝酸锰（白）、氯化铜（亮绿色）玻璃棒。

【实验内容】

1. 在玻璃瓶中加水至划线处（80 mL），把20 g 硅酸钠倒入玻璃瓶，搅拌使之完全溶解（天冷时可用温水浸泡瓶子加速溶解）。

2. 将上述块状无机盐按照硫酸镍、硫酸铜、氯化钙、氯化铁的顺序投入瓶子，如果两块盐靠得太近可以用搅拌棒将其分开。

3. 投入盐之后不要再触动瓶子，静静地观察这些"种子"成长。

【思考题】

为什么晶体会在硅酸钠溶液中不断生长？

实验 25　晴雨花制作

【实验目的】

1. 理解晴雨花制作原理。

2. 理论联系实际，能利用专业知识进行小制作。

【实验原理】

根据氯化钴在含不同个数结晶水时颜色不同，可以表征天气的湿度情况。氯化钴不含结晶水（$CoCl_2$），颜色是蓝色的，加湿后变成含有 6 个结晶水（$CoCl_2 \cdot 6H_2O$），颜色变成了粉红色。

$$（CoCl_2）\rightleftharpoons CoCl_2 \cdot H_2O \rightleftharpoons CoCl_2 \cdot 2H_2O \rightleftharpoons CoCl_2 \cdot 6H_2O$$

　　蓝色　　　　　蓝紫　　　　　　紫红　　　　　　粉红

【实验用品】

$CoCl_2 \cdot 6H_2O$，烧杯，玻璃棒，滤纸，石棉网，酒精灯，铁架台。

【实验内容】

1. 用白色滤纸折叠一朵花，用细铁丝固定。

2. 将花浸泡在 1 mol/L 的 $CoCl_2$ 溶液中，取出晾干，然后继续浸泡，晾干，反复操作，至花变成粉色。

3. 花放在垫有石棉网的铁架台上，用酒精灯烘干（在实验室也可以在烘箱120度烘干）。

4. 得到蓝色的花——晴雨花。

【思考题】

1. 还可以利用哪些其他试剂进行晴雨花制作？

2. 此原理在生活中还有哪些应用？

实验 26　法老之蛇

【实验目的】

1. 了解反应原理。
2. 能用化学专业知识制作一些安全趣味实验。

【实验原理】

法老之蛇实验是有名的膨胀反应，反应过程非常震撼，其基本原理是：硫氰化汞受热易分解，体积快速膨胀，就像一条弯曲的蛇凭空产生，同时也会释放出气体并生成有毒物质。反应方程式为：

$$4Hg(SCN)_2 = 4HgS + 2CS_2 + 3(CN)_2\uparrow + N_2\uparrow$$

由于该实验会产生有毒气体，所以将实验原料替换成糖和小苏打，基本原理不变，也是利用气体膨胀原理。糖的燃烧产物是水、碳和二氧化碳，小苏打在受热时也会产生大量二氧化碳，因此在大量气体作用下，碳固化成为了多孔蓬松的黑碳柱，称为法老之蛇。

【实验用品】

糖粉，小苏打，95％乙醇，直径 5cm 左右的浅盘容器，沙子，灭火器等。

【实验内容】

1. 将糖粉和小苏打充分搅拌混合，得到粉末状物质。
2. 将混合粉末放入浅盘容器中，底部铺上沙子。
3. 在容器中倒入酒精，进一步搅拌混合，然后捏出一个便于点燃的尖头。
4. 为了控制反应生成物的方向，可以考虑在粉末上方压一圈阻燃物。
5. 点燃。耐心等待神奇的事情发生。

【思考题】

1. 写出反应的方程式。
2. 还有哪些反应可以有类似的现象？
3. 实验中应该注意什么？

实验 27　银树

【实验目的】

1. 了解反应原理。

2. 提高化学学习的兴趣。

【实验原理】

反应原理：根据金属活泼性，其反应如下式：

$$Cu + 2AgNO_3 \stackrel{}{=\!=\!=} 2Ag + Cu(NO_3)_2$$

开始时溶液上层逐渐出现蓝色，随着反应的进行，整个溶液呈现蓝色。

【实验用品】

$AgNO_3$，铜片，橡皮塞，烧杯，蒸馏水，玻璃棒。

【实验内容】

1. 将铜片剪成树枝的形状——铜树，把"树根"插在切有一窄缝的橡皮塞上。

2. 称取 1 g 硝酸银，放入 100 mL 的烧杯中再加入 49 mL 蒸馏水，用玻璃棒搅拌，使硝酸银全部溶解（配制成 2% 的硝酸银溶液）。

3. 将橡皮塞连同"铜树"一起小心地放入盛有硝酸银溶液的烧杯中，静置。观察"银树"的生长和溶液的颜色变化。

注意：

硝酸银溶液的浓度不能太大，如果超过 5%，则置换反应进行得太快，析出的银不是银白色的；但浓度也不宜太小，如小于 2% 则反应进行得太慢。本实验中因为银离子的总量是一定的，所以所用铜片要适量，宜栽较小的"铜树"。

【思考题】

1. 根据所学化学专业知识，思考还有哪些类似实验？

2. 为什么硝酸银浓度太大，置换出的是银是黑色的？

实验 28　魔棒点灯

【实验目的】

1. 了解实验原理。

2. 提高化学学习的兴趣。

3. 能利用专业知识进行小实验制作。

【实验原理】

高锰酸钾和浓硫酸是强氧化剂，玻璃棒蘸取高锰酸钾和浓硫酸混合物后，接触酒精灯灯芯，氧化乙醇，放出大量热，达到酒精燃点，点燃酒精灯。

【实验用品】

高锰酸钾，浓硫酸，玻璃棒，酒精灯，乙醇。

【实验步骤】

取少量高锰酸钾晶体放在表面皿（或玻璃片）上，在高锰酸钾上滴 2～3 滴浓硫酸，用玻璃棒蘸取后，去接触酒精灯的灯芯，酒精灯立刻就被点着了。

【思考题】

1. 上述操作能点燃棉花、蜡烛、铁丝吗？为什么？

2. 反应的化学方程式是什么？

3. 还有其他物质可以点燃酒精灯吗？

实验 29　食物掺假鉴别

【实验目的】

1. 了解不同物质反应的化学原理。

2. 能利用物质的性质设计检测实验。

3. 体会化学在生活中的应用，增加化学学习的兴趣。

（一）蜂蜜掺假检验

【实验原理】

蜂蜜的主要成分是葡萄糖和果糖，还有 8 种必需氨基酸，20 多种矿物质，维生素和超氧化物歧化酶（SOD），其中葡萄糖和果糖占到了 $65\%\sim80\%$，蔗糖占比 $<5\%$，果糖和葡萄糖可直接被吸收，不会引起肥胖。由于其营养丰富，营养价值高，是老少皆宜的营养品。优质蜂蜜是白色、黄色或者琥珀色。有很多不良商家，经常会用掺入饴糖或糖浆以次充好。可利用蜂蜜的物理化学性质进行检验食品的真伪，蜂蜜在 $13\sim14$ ℃易结晶，结晶物细腻，无沙粒感。

若掺杂淀粉，可以用碘试剂检验；若掺杂饴糖，用乙醇，会有白色絮状物生成；若掺杂蔗糖，加入硝酸银溶液，会有白色絮状物生成。

【实验用品】

碘，碘化钾，乙醇（95%），硝酸银溶液（2%）。

【实验内容】

1. 掺杂淀粉检验：在试管中加入 5 mL 蜂蜜，加 20 mL 蒸馏水稀释，加热煮沸后冷却，加入 2 滴碘试剂（碘的碘化钾溶液），出现蓝色，说明掺杂了淀粉类物质。

2. 掺杂饴糖检验：在试管中加入 2 mL 蜂蜜，加 2 mL 蒸馏水稀释，振荡，加入 10 mL 95% 的乙醇，出现白色絮状物，说明掺杂有饴糖。

3. 掺杂蔗糖检验：在试管中加入 2 mL 蜂蜜，加 8 mL 蒸馏水稀释，振荡，加入数滴硝酸银溶液（2%），有白色絮状物生成，说明有蔗糖掺杂。

（二）食盐和工业盐检验

【实验原理】

盐是百味之首，是日常菜肴烹饪中不可或缺的，在人们的日常生活起着重要的作用。食用盐主要来源是海水、地下岩（矿）盐沉淀物、天然卤（咸）水，氯化钠为主要成分。而工业用盐含大量的亚硝酸钠，亚硝酸盐是致癌物，有毒，对人体健康伤害极大。如果误食 $0.3\sim0.5$ g 亚硝酸钠就会中毒，严重时会危及生命。

利用亚硝酸钠在酸性条件下氧化碘离子生成碘单质，使得淀粉变蓝色，进行检验。

$$2NaNO_2 + 2KI + 2H_2SO_4 = 2NO + I_2 + K_2SO_4 + Na_2SO_4 + 2H_2O$$

【实验用品】

淀粉，氯化钠，亚硝酸盐，硫酸（2 mol/L），KI（0.1 mol/L）。

【实验内容】

两支试管分别加入少量的 $NaNO_2$ 和 NaCl，依次加入 2 mol/L 硫酸和 0.1 mol/L KI，振荡均匀，随后在试管中分别加入淀粉，观察现象。如果出现沉淀，说明含有亚硝酸盐。

附　　录

附录 1：不同温度下水的饱和蒸气压

温度/℃	饱和蒸气压/kPa	温度/℃	饱和蒸气压/kPa	温度/℃	饱和蒸气压/kPa
0	0.61129	34	5.3229	68	28.576
1	0.65716	35	5.6267	69	29.852
2	0.70605	36	5.9453	70	31.176
3	0.75813	37	6.2795	71	32.549
4	0.81359	38	6.6298	72	33.972
5	0.87260	39	6.9969	73	35.448
6	0.93537	40	7.3814	74	36.978
7	1.0021	41	7.7840	75	38.563
8	1.0730	42	8.2054	76	40.205
9	1.1482	43	8.6463	77	41.905
10	1.2281	44	9.1075	78	43.665
11	1.3129	45	9.5898	79	45.487
12	1.4027	46	10.094	80	47.373
13	1.4979	47	10.620	81	49.324
14	1.5988	48	11.171	82	51.342
15	1.7056	49	11.745	83	53.428
16	1.8185	50	12.344	84	55.585
17	1.9380	51	12.970	85	57.815
18	2.0644	52	13.623	86	60.119
19	2.1978	53	14.303	87	62.499
20	2.3388	54	15.012	88	64.958
21	2.4877	55	15.752	89	67.496
22	2.6447	56	16.522	90	70.117
23	2.8104	57	17.324	91	72.823
24	2.9850	58	18.159	92	75.614
25	3.1690	59	19.028	93	78.494
26	3.3629	60	19.932	94	81.465
27	3.5670	61	20.873	95	84.529
28	3.7818	62	21.851	96	87.688
29	4.0078	63	22.868	97	90.945
30	4.2455	64	23.925	98	94.301
31	4.4953	65	25.022	99	97.759
32	4.7578	66	26.163	100	101.32
33	5.0335	67	27.347		

附录 2：常见弱酸在水溶液中的解离常数（25 ℃）

无机酸			
名称	化学式	K_a	pK_a
偏铝酸	$HAlO_2$	6.3×10^{-13}	12.20
亚砷酸	H_3AsO_3	6.0×10^{-10}	9.22
砷酸	H_3AsO_4	6.3×10^{-3}	2.20
		1.05×10^{-7}	6.98
		3.2×10^{-12}	11.50
硼酸	H_3BO_3	5.8×10^{-10}	9.24
		1.8×10^{-13}	12.74
		1.6×10^{-14}	13.8
次溴酸	$HBrO$	2.4×10^{-9}	8.62
氢氰酸	HCN	6.2×10^{-10}	9.21
碳酸	H_2CO_3	4.2×10^{-7}	6.38
		5.6×10^{-11}	10.25
次氯酸	$HClO$	3.2×10^{-8}	7.50
氢氟酸	HF	6.61×10^{-4}	3.18
锗酸	H_2GeO_3	1.7×10^{-9}	8.78
		1.9×10^{-13}	12.72
高碘酸	HIO_4	2.8×10^{-2}	1.56
亚硝酸	HNO_2	5.1×10^{-4}	3.29
次磷酸	H_3PO_2	5.9×10^{-2}	1.23
亚磷酸	H_3PO_3	5.0×10^{-2}	1.30
		2.5×10^{-7}	6.60
磷酸	H_3PO_4	7.52×10^{-3}	2.12
		6.31×10^{-8}	7.20
		4.4×10^{-13}	12.36
焦磷酸	$H_4P_2O_7$	3.0×10^{-2}	1.52
		4.4×10^{-3}	2.36
		2.5×10^{-7}	6.60
		5.6×10^{-10}	9.25
氢硫酸	H_2S	1.3×10^{-7}	6.88
		7.1×10^{-15}	14.15

续表

无机酸			
名称	化学式	K_a	pK_a
亚硫酸	H_2SO_3	1.23×10^{-2}	1.91
		6.6×10^{-8}	7.18
硫酸	H_2SO_4	1.0×10^3	-3.00
		1.02×10^{-2}	1.99
硫代硫酸	$H_2S_2O_3$	2.52×10^{-1}	0.60
		1.9×10^{-2}	1.72
氢硒酸	H_2Se	1.3×10^{-4}	3.89
		1.0×10^{-11}	11.00
亚硒酸	H_2SeO_3	2.7×10^{-3}	2.57
		2.5×10^{-7}	6.60
硒酸	H_2SeO_4	1.0×10^3	-3.0
		1.2×10^{-2}	1.92
硅酸	H_2SiO_3	1.7×10^{-10}	9.77
		1.6×10^{-12}	11.8
亚碲酸	H_2TeO_3	2.7×10^{-3}	2.57
		1.8×10^{-8}	7.74

有机酸			
名称	化学式	K_a	pK_a
甲酸	$HCOOH$	1.8×10^{-4}	3.75
乙酸	CH_3COOH	1.74×10^{-5}	4.76
乙醇酸	$CH_2(OH)COOH$	1.48×10^{-4}	3.83
草酸	$(COOH)_2$	5.4×10^{-2}	1.27
		5.4×10^{-5}	4.27
甘氨酸	$CH_2(NH_2)COOH$	1.7×10^{-10}	9.78
一氯乙酸	$CH_2ClCOOH$	1.4×10^{-3}	2.86
二氯乙酸	$CHCl_2COOH$	5.0×10^{-2}	1.3
三氯乙酸	CCl_3COOH	2.0×10^{-1}	0.7
丙酸	CH_3CH_2COOH	1.35×10^{-5}	4.87
丙烯酸	$CH_2\!=\!CHCOOH$	5.5×10^{-5}	4.26
乳酸(丙醇酸)	$CH_3CHOHCOOH$	1.4×10^{-4}	3.86
丙二酸	$HOCOCH_2COOH$	1.4×10^{-3}	2.85
		2.2×10^{-6}	5.66

续表

有机酸

名称	化学式	K_a	pK_a
2-丙炔酸	$HC \equiv CCOOH$	1.29×10^{-2}	1.89
甘油酸	$HOCH_2CHOHCOOH$	2.29×10^{-4}	3.64
丙酮酸	$CH_3COCOOH$	3.2×10^{-3}	2.49
α-丙氨酸	CH_3CHNH_2COOH	1.35×10^{-10}	9.87
β-丙氨酸	$CH_2NH_2CH_2COOH$	4.4×10^{-11}	10.36
正丁酸	$CH_3(CH_2)_2COOH$	1.52×10^{-5}	4.82
异丁酸	$(CH_3)_2CHCOOH$	1.41×10^{-5}	4.85
3-丁烯酸	$CH_2 = CHCH_2COOH$	2.1×10^{-5}	4.68
异丁烯酸	$CH_2 = C(CH_2)COOH$	2.2×10^{-5}	4.66
反丁烯二酸 （富马酸）	$HOCOCH = CHCOOH$	9.3×10^{-4} 3.6×10^{-5}	3.03 4.44
顺丁烯二酸 （马来酸）	$HOCOCH = CHCOOH$	1.2×10^{-2} 5.9×10^{-7}	1.92 6.23
酒石酸	$HOCOCH(OH)CH(OH)COOH$	1.04×10^{-3} 4.55×10^{-5}	2.98 4.34
正戊酸	$CH_3(CH_2)_3COOH$	1.4×10^{-5}	4.86
异戊酸	$(CH_3)_2CHCH_2COOH$	1.67×10^{-5}	4.78
2-戊烯酸	$CH_3CH_2CH = CHCOOH$	2.0×10^{-5}	4.70
3-戊烯酸	$CH_3CH = CHCH_2COOH$	3.0×10^{-5}	4.52
4-戊烯酸	$CH_2 = CHCH_2CH_2COOH$	2.10×10^{-5}	4.677
戊二酸	$HOCO(CH_2)_3COOH$	1.7×10^{-4} 8.3×10^{-7}	3.77 6.08
谷氨酸	$HOCOCH_2CH_2CH(NH_2)COOH$	7.4×10^{-3} 4.9×10^{-5} 4.4×10^{-10}	2.13 4.31 9.36
正己酸	$CH_3(CH_2)_4COOH$	1.39×10^{-5}	4.86
异己酸	$(CH_3)_2CH(CH_2)_3 - COOH$	1.43×10^{-5}	4.85
(E)-2-己烯酸	$H(CH_2)_3CH = CHCOOH$	1.8×10^{-5}	4.74
(E)-3-己烯酸	$CH_3CH_2CH = CHCH_2COOH$	1.9×10^{-5}	4.72
己二酸	$HOCOCH_2CH_2CH_2CH_2COOH$	3.8×10^{-5} 3.9×10^{-6}	4.42 5.41

续表

有机酸			
名称	化学式	K_a	pK_a
柠檬酸	$HOCOCH_2C(OH)(COOH)CH_2COOH$	7.4×10^{-4}	3.13
		1.7×10^{-5}	4.76
		4.0×10^{-7}	6.40
苯酚	C_6H_5OH	1.1×10^{-10}	9.96
邻苯二酚	$(o)C_6H_4(OH)_2$	3.6×10^{-10}	9.45
		1.6×10^{-13}	12.8
间苯二酚	$(m)C_6H_4(OH)_2$	3.6×10^{-10}	9.30
		8.71×10^{-12}	11.06
对苯二酚	$(p)C_6H_4(OH)_2$	1.1×10^{-10}	9.96
2,4,6-三硝基苯酚	$2,4,6-(NO_2)_3C_6H_2OH$	5.1×10^{-1}	0.29
葡萄糖酸	$CH_2OH(CHOH)_4COOH$	1.4×10^{-4}	3.86
苯甲酸	C_6H_5COOH	6.3×10^{-5}	4.20
水杨酸	$C_6H_4(OH)COOH$	1.05×10^{-3}	2.98
		4.17×10^{-13}	12.38
邻硝基苯甲酸	$(o)NO_2C_6H_4COOH$	6.6×10^{-3}	2.18
间硝基苯甲酸	$(m)NO_2C_6H_4COOH$	3.5×10^{-4}	3.46
对硝基苯甲酸	$(p)NO_2C_6H_4COOH$	3.6×10^{-4}	3.44
邻苯二甲酸	$(o)C_6H_4(COOH)_2$	1.1×10^{-3}	2.96
		4.0×10^{-6}	5.40
间苯二甲酸	$(m)C_6H_4(COOH)_2$	2.4×10^{-4}	3.62
		2.5×10^{-5}	4.60
对苯二甲酸	$(p)C_6H_4(COOH)_2$	2.9×10^{-4}	3.54
		3.5×10^{-5}	4.46
1,3,5-苯三甲酸	$C_6H_3(COOH)_3$	7.6×10^{-3}	2.12
		7.9×10^{-5}	4.10
		6.6×10^{-6}	5.18
苯基六羧酸	$C_6(COOH)_6$	2.1×10^{-1}	0.68
		6.2×10^{-3}	2.21
		3.0×10^{-4}	3.52
		8.1×10^{-6}	5.09
		4.8×10^{-7}	6.32
		3.2×10^{-8}	7.49

续表

有机酸			
名称	化学式	K_a	pK_a
癸二酸	$HOOC(CH_2)_8COOH$	2.6×10^{-5}	4.59
		2.6×10^{-6}	5.59
乙二胺四乙酸 （EDTA）	$\begin{array}{l}CH_2-N(CH_2COOH)_2\\ \quad\quad\mid\\ CH_2-N(CH_2COOH)_2\end{array}$	1.0×10^{-2}	2.00
		2.14×10^{-3}	2.67
		6.92×10^{-7}	6.16
		5.5×10^{-11}	10.26

附录 3：常见弱碱在水溶液中的解离常数（25 ℃）

无机碱			
名称	化学式	K_b	pK_b
氢氧化铝	$Al(OH)_3$	1.38×10^{-9}	8.86
氢氧化银	$AgOH$	1.10×10^{-4}	3.96
氢氧化钙	$Ca(OH)_2$	3.72×10^{-3}	2.43
		3.98×10^{-2}	1.4
氨水	NH_3+H_2O	1.78×10^{-5}	4.75
肼(联氨)	$N_2H_4+H_2O$	9.55×10^{-7}	6.02
		1.26×10^{-15}	14.9
羟氨	NH_2OH+H_2O	9.12×10^{-9}	8.04
氢氧化铅	$Pb(OH)_2$	9.55×10^{-4}	3.02
		3.0×10^{-8}	7.52
氢氧化锌	$Zn(OH)_2$	9.55×10^{-4}	3.02
有机碱			
名称	化学式	K_b	pK_b
甲胺	CH_3NH_2	4.17×10^{-4}	3.38
尿素(脲)	$CO(NH_2)_2$	1.5×10^{-14}	13.82
乙胺	$CH_3CH_2NH_2$	4.27×10^{-4}	3.37
乙醇胺	$H_2N(CH_2)_2OH$	3.16×10^{-5}	4.5
乙二胺	$H_2N(CH_2)_2NH_2$	8.51×10^{-5}	4.07
		7.08×10^{-8}	7.15
二甲胺	$(CH_3)_2NH$	5.89×10^{-4}	3.23
三甲胺	$(CH_3)_3N$	6.31×10^{-5}	4.2

有机碱

名称	化学式	K_b	pK_b
三乙胺	$(C_2H_5)_3N$	5.25×10^{-4}	3.28
丙胺	$C_3H_7NH_2$	3.70×10^{-4}	3.432
异丙胺	$i\text{-}C_3H_7NH_2$	4.37×10^{-4}	3.36
1,3-丙二胺	$NH_2(CH_2)_3NH_2$	2.95×10^{-4}	3.53
		3.09×10^{-6}	5.51
1,2-丙二胺	$CH_3CH(NH_2)CH_2NH_2$	5.25×10^{-5}	4.28
		4.05×10^{-8}	7.393
三丙胺	$(CH_3CH_2CH_2)_3N$	4.57×10^{-4}	3.34
三乙醇胺	$(HOCH_2CH_2)_3N$	5.75×10^{-7}	6.24
正丁胺	$C_4H_9NH_2$	4.37×10^{-4}	3.36
异丁胺	$C_4H_9NH_2$	2.57×10^{-4}	3.59
叔丁胺	$C_4H_9NH_2$	4.84×10^{-4}	3.315
己胺	$H(CH_2)_6NH_2$	4.37×10^{-4}	3.36
辛胺	$H(CH_2)_8NH_2$	4.47×10^{-4}	3.35
苯胺	$C_6H_5NH_2$	3.98×10^{-10}	9.4
苄胺	C_7H_9N	2.24×10^{-5}	4.65
环己胺	$C_6H_{11}NH_2$	4.37×10^{-4}	3.36
吡啶	C_5H_5N	1.48×10^{-9}	8.83
六亚甲基四胺	$(CH_2)_6N_4$	1.35×10^{-9}	8.87
2-氯酚	C_6H_5ClO	3.55×10^{-6}	5.45
3-氯酚	C_6H_5ClO	1.26×10^{-5}	4.9
4-氯酚	C_6H_5ClO	2.69×10^{-5}	4.57
邻氨基苯酚	$(o)H_2NC_6H_4OH$	5.2×10^{-5}	4.28
		1.9×10^{-5}	4.72
间氨基苯酚	$(m)H_2NC_6H_4OH$	7.4×10^{-5}	4.13
		6.8×10^{-5}	4.17
对氨基苯酚	$(p)H_2NC_6H_4OH$	2.0×10^{-4}	3.7
		3.2×10^{-6}	5.5
邻甲苯胺	$(o)CH_3C_6H_4NH_2$	2.82×10^{-10}	9.55
间甲苯胺	$(m)CH_3C_6H_4NH_2$	5.13×10^{-10}	9.29
对甲苯胺	$(p)CH_3C_6H_4NH_2$	1.20×10^{-9}	8.92
8-羟基喹啉(20℃)	$8\text{-}HO\text{—}C_9H_6N$	6.5×10^{-5}	4.19
二苯胺	$(C_6H_5)_2NH$	7.94×10^{-14}	13.1
联苯胺	$H_2NC_6H_4C_6H_4NH_2$	5.01×10^{-10}	9.3
		4.27×10^{-11}	10.37

附录 4：常见电对的标准电极电势（25 ℃）

序号	电极过程	$E^{\ominus}/V$
1	$Ag^+ + e^- = Ag$	0.7996
2	$Ag^{2+} + e^- = Ag^+$	1.980
3	$AgBr + e^- = Ag + Br^-$	0.0713
4	$AgBrO_3 + e^- = Ag + BrO_3^-$	0.546
5	$AgCl + e^- = Ag + Cl^-$	0.222
6	$AgCN + e^- = Ag + CN^-$	-0.017
7	$AgCO_3 + 2e^- = Ag + CO_3^{2-}$	0.470
8	$Ag_2C_2O_4 + 2e^- = 2Ag + C_2O_4^{2-}$	0.465
9	$Ag_2CrO_4 + 2e^- = 2Ag + CrO_4^{2-}$	0.447
10	$AgF + e^- = Ag + F^-$	0.779
11	$Ag[Fe(CN)_6] + 4e^- = 4Ag + [Fe(CN)_6]^{4-}$	0.148
12	$AgI + e^- = Ag + I^-$	-0.152
13	$AgIO_3 + e^- = Ag + IO_3^-$	0.354
14	$AgMoO_4 + 2e^- = 2Ag + MoO_4^{2-}$	0.457
15	$[Ag(NH_3)_2]^+ + e^- = Ag + 2NH_3$	0.373
16	$Ag_2NO_2 + e^- = Ag + NO^-$	0.564
17	$Ag_2O + H_2O + 2e^- = 2Ag + 2OH^-$	0.342
18	$2AgO + H_2O + 2e^- = Ag_2O + 2OH^-$	0.607
19	$Ag_2S + 2e^- = 2Ag + S^{2-}$	-0.691
20	$Ag_2S + 2H^+ + 2e^- = 2Ag + H_2S$	-0.0366
21	$AgSCN + e^- = Ag + SCN^-$	0.0895
22	$Ag_2SeO_4 + 2e^- = 2Ag + SeO_4^{2-}$	0.363
23	$Ag_2SO_4 + 2e^- = 2Ag + SO_4^{2-}$	0.654
24	$Ag_2WO_4 + 2e^- = 2Ag + WO_4^{2-}$	0.466
25	$Al_3 + 3e^- = Al^{3+}$	-1.662
26	$AlF_6^{3-} + 3e^- = Al^{3+} + 6F^-$	-2.069
27	$Al(OH)_3 + 3e^- = Al^{3+} + 3OH^-$	-2.31
28	$AlO_2^- + 2H_2O + 3e^- = Al + 4OH^-$	-2.35
29	$Am^{3+} + 3e^- = Am^{3+}$	-2.048
30	$Am^{4+} + e^- = Am^{3+}$	2.60
31	$AmO_2^{2+} + 4H^+ + 3e^- = Am^{3+} + 2H_2O$	1.75

序号	电极过程	$E^{\ominus}/V$
32	$As + 3H^+ + 3e^- \rightleftharpoons AsH_3$	-0.608
33	$As + 3H_2O + 3e^- \rightleftharpoons AsH_3 + 3OH^-$	-1.37
34	$As_2O_3 + 6H^+ + 6e^- \rightleftharpoons 2As + 3H_2O$	0.234
35	$HAsO_2 + 3H^+ + 3e^- \rightleftharpoons As + 2H_2O$	0.248
36	$AsO_2^- + 2H_2O + 3e^- \rightleftharpoons As + 4OH^-$	-0.68
37	$H_3AsO_4 + 2H^+ + 2e^- \rightleftharpoons HAsO_2 + 2H_2O$	0.560
38	$AsO_4^{3-} + 2H_2O + 2e^- \rightleftharpoons AsO_2^- + 4OH^-$	-0.71
39	$AsS_2^- + 3e^- \rightleftharpoons As + 2S^{2-}$	-0.75
40	$AsS_4^{3-} + 2e^- \rightleftharpoons AsS_2^- + 2S^{2-}$	-0.60
41	$Au^+ + e^- \rightleftharpoons Au$	1.692
42	$Au^{3+} + 3e^- \rightleftharpoons Au$	1.498
43	$Au^{3+} + 2e^- \rightleftharpoons Au^+$	1.401
44	$AuBr_2^- + e^- \rightleftharpoons Au + 2Br^-$	0.959
45	$AuBr_4^- + 3e^- \rightleftharpoons Au + 4Br^-$	0.854
46	$AuCl_2^- + e^- \rightleftharpoons Au + 2Cl^-$	1.15
47	$AuCl_4^- + 3e^- \rightleftharpoons Au + 4Cl^-$	1.002
48	$AuI^- + e^- \rightleftharpoons Au + I^-$	0.50
49	$Au(SCN)_4^- + 3e^- \rightleftharpoons Au + 4SCN^-$	0.66
50	$Au(OH)_3 + 3H^+ + 3e^- \rightleftharpoons Au + 3H_2O$	1.45
51	$BF_4^- + 3e^- \rightleftharpoons B + 4F^-$	-1.04
52	$H_2BO_3^- + H_2O + 3e^- \rightleftharpoons B + 4OH^-$	-1.79
53	$B(OH)_3 + 7H^+ + 8e^- \rightleftharpoons BH_4^- + 3H_2O$	-0.481
54	$Ba^{2+} + 2e^- \rightleftharpoons Ba$	-2.912
55	$Ba(OH)_2 + 2e^- \rightleftharpoons Ba + 2OH^-$	-2.99
56	$Be^{2+} + 2e^- \rightleftharpoons Be$	-1.847
57	$Be_2O_3^{2-} + 3H_2O + 4e^- \rightleftharpoons 2Be + 6OH^-$	-2.63
58	$Bi^+ + e^- \rightleftharpoons Bi$	0.5
59	$Bi^{3+} + 3e^- \rightleftharpoons Bi$	0.308
60	$BiCl_4^- + 3e^- \rightleftharpoons Bi + 4Cl^-$	0.16
61	$BiOCl^- + 2H^+ + 3e^- \rightleftharpoons Bi + Cl^- + H_2O$	0.16
62	$Bi_2O_3 + 3H_2O + 6e^- \rightleftharpoons 2Bi + 6OH^-$	-0.46
63	$Bi_2O_4 + 4H^+ + 2e^- \rightleftharpoons 2BiO^+ + 2H_2O$	1.593
64	$Bi_2O_4 + H_2O + 2e^- \rightleftharpoons Bi_2O_3 + 2OH^-$	0.56

序号	电极过程	$E^{\ominus}/V$
65	$Br(aq)+2e^-\!=\!=\!2Br^-$	1.087
66	$Br(l)+2e^-\!=\!=\!2Br^-$	1.066
67	$BrO^-+H_2O+2e^-\!=\!=\!2Br^-+2OH^-$	0.761
68	$BrO_3^-+6H^++6e^-\!=\!=\!Br^-+3H_2O$	1.423
69	$BrO_3^-+3H_2O+6e^-\!=\!=\!Br^-+6OH^-$	0.61
70	$2BrO_3^-+12H^++10e^-\!=\!=\!Br_2+6H_2O$	1.482
71	$HBrO+H^++2e^-\!=\!=\!Br^-+H_2O$	1.331
72	$2HBrO+2H^++2e^-\!=\!=\!Br_2(aq)+2H_2O$	1.574
73	$CH_3OH+2H^++2e^-\!=\!=\!CH_4+H_2O$	0.59
74	$HCHO+2H^++2e^-\!=\!=\!CH_3OH$	0.19
75	$CH_3COOH+2H^++2e^-\!=\!=\!CH_3OH+H_2O$	−0.12
76	$(CN)_2+2H^++2e^-\!=\!=\!2HCN$	0.373
77	$(CNS)_2+2e^-\!=\!=\!2CNS^-$	0.77
78	$CO_2+2H^++2e^-\!=\!=\!CO+H_2O$	−0.12
79	$CO_2+2H^++2e^-\!=\!=\!HCOOH$	−0.199
80	$Ca^{2+}+2e^-\!=\!=\!Ca$	−2.868
81	$Ca(OH)_2+2e^-\!=\!=\!Ca+2OH^-$	−3.02
82	$Cd^{2+}+2e^-\!=\!=\!Cd$	−0.403
83	$Cd^{2+}+2e^-\!=\!=\!Cd(Hg)$	−0.352
84	$Cd(CN)_4^{2-}+2e^-\!=\!=\!Cd+4CN^-$	−1.09
85	$CdO+H_2O+2e^-\!=\!=\!Cd+2OH^-$	−0.783
86	$CdS+2e^-\!=\!=\!Cd+S^{2-}$	−1.17
87	$CdSO_4+2e^-\!=\!=\!Cd+SO_4^{2-}$	−0.246
88	$Ce^{3+}+3e^-\!=\!=\!Ce$	−2.336
89	$Ce^{3+}+3e^-\!=\!=\!Ce(Hg)$	−1.437
90	$CeO_2+4H^++e^-\!=\!=\!Ce^{3+}+2H_2O$	1.4
91	$Cl_2(g)+2e^-\!=\!=\!2Cl^-$	1.358
92	$Cl_2O^-+H_2O+2e^-\!=\!=\!2Cl^-+2OH^-$	0.89
93	$HCl_2O+H^++2e^-\!=\!=\!Cl^-+H_2O$	1.482
94	$2HCl_2O+2H^++2e^-\!=\!=\!Cl_2+2H_2O$	1.611
95	$ClO_2^-+2H_2O+4e^-\!=\!=\!Cl^-+4OH^-$	0.76
96	$2ClO_3^-+12H^++10e^-\!=\!=\!Cl_2+6H_2O$	1.47
97	$ClO_3^-+6H^++6e^-\!=\!=\!Cl^-+3H_2O$	1.451

续表

序号	电极过程	$E^{\ominus}/V$
98	$ClO_3^- + 3H_2O + 6e^- \Longrightarrow Cl^- + 6H^+$	0.62
99	$ClO_3^- + 6H^+ + 6e^- \Longrightarrow Cl^- + 3H_2O$	1.38
100	$2ClO_4^- + 16H^+ + 14e^- \Longrightarrow Cl_2 + 8H_2O$	1.39
101	$Cm^{3+} + 3e^- \Longrightarrow Cm$	-2.04
102	$Co^{3+} + 3e^- \Longrightarrow Co$	-0.28
103	$[Co(NH_3)_6]^{3+} + e^- \Longrightarrow [Co(NH_3)_6]^{2+}$	0.108
104	$[Co(NH_3)_6]^{2+} + 2e^- \Longrightarrow Co + 6NH_3$	-0.43
105	$Co(OH)_2 + 2e^- \Longrightarrow Co + 2OH^-$	-0.73
106	$Co(OH)_3 + e^- \Longrightarrow Co(OH)_2 + OH^-$	0.17
107	$Cr^{2+} + 2e^- \Longrightarrow Cr$	-0.913
108	$Cr^{3+} + e^- \Longrightarrow Cr^{2+}$	-0.407
109	$Cr^{3+} + 3e^- \Longrightarrow Cr$	-0.744
110	$[Cr(CN)_6]^{3-} + e^- \Longrightarrow [Cr(CN)_6]^{4-}$	-1.28
111	$Cr(OH)_3 + 3e^- \Longrightarrow Cr + 3OH^-$	-1.48
112	$Cr_2O_7^{2-} + 14H^+ + 6e^- \Longrightarrow 2Cr^{3+} + 6H_2O$	1.232
113	$CrO_2^- + 2H_2O + 3e^- \Longrightarrow Cr + 4OH^-$	-1.2
114	$HCrO_4^- + 7H^+ + 3e^- \Longrightarrow Cr^{3+} + 4H_2O$	1.350
115	$CrO_4^{2-} + 4H_2O + 3e^- \Longrightarrow Cr(OH)_3 + 5OH^-$	-0.13
116	$Cs^+ + e^- \Longrightarrow Cs$	-2.92
117	$Cu^+ + e^- \Longrightarrow Cu$	0.521
118	$Cu^{2+} + 2e^- \Longrightarrow Cu$	0.342
119	$Cu^{2+} + 2e^- \Longrightarrow Cu(Hg)$	0.345
120	$Cu^{2+} + Br^- + e^- \Longrightarrow CuBr$	0.66
121	$Cu^{2+} + Cl^- + e^- \Longrightarrow CuCl$	0.57
122	$Cu^{2+} + I^- + e^- \Longrightarrow CuI$	0.86
123	$Cu^{2+} + 2CN^- + e^- \Longrightarrow [Cu(CN)_2]^-$	1.103
124	$CuBr_2^- + e^- \Longrightarrow Cu + 2Br^-$	0.05
125	$CuCl_2^- + e^- \Longrightarrow Cu + 2Cl^-$	0.19
126	$CuI_2^- + e^- \Longrightarrow Cu + 2I^-$	0.00
127	$CuO + 2H_2O + 2e^- \Longrightarrow 2Cu + 2OH^-$	-0.360
128	$Cu(OH)_2 + 2e^- \Longrightarrow Cu + 2OH^-$	-0.222
129	$2Cu(OH)_2 + 2e^- \Longrightarrow Cu_2O + 2OH^- + H_2O$	-0.080
130	$CuS + 2e^- \Longrightarrow Cu + S^{2-}$	-0.70

序号	电极过程	$E^{\ominus}/V$
131	$CuSCN+e^- {=\!=\!=} Cu+SCN^-$	-0.27
132	$Dy^{2+}+2e^- {=\!=\!=} Dy$	-2.2
133	$Dy^{3+}+3e^- {=\!=\!=} Dy$	-2.295
134	$Er^{2+}+2e^- {=\!=\!=} Er$	-2.0
135	$Er^{3+}+3e^- {=\!=\!=} Er$	-2.331
136	$Es^{2+}+2e^- {=\!=\!=} Es$	-2.23
137	$Es^{3+}+3e^- {=\!=\!=} Es$	-1.91
138	$Eu^{2+}+2e^- {=\!=\!=} Eu$	-2.812
139	$Eu^{3+}+3e^- {=\!=\!=} Eu$	-1.991
140	$F_2+2H^++2e^- {=\!=\!=} 2HF$	3.053
141	$F_2O+2H^++4e^- {=\!=\!=} H_2O+2F^-$	2.153
142	$Fe^{2+}+2e^- {=\!=\!=} Fe$	-0.447
143	$Fe^{3+}+3e^- {=\!=\!=} Fe$	-0.037
144	$[Fe(CN)_6]^{3-}+e^- {=\!=\!=} [Fe(CN)_6]^{4-}$	0.358
145	$[Fe(CN)_6]^{4-}+2e^- {=\!=\!=} Fe+6CN^-$	-1.5
146	$FeF_6^{3-}+e^- {=\!=\!=} Fe^{2+}+6F^-$	0.4
147	$Fe(OH)_2+2e^- {=\!=\!=} Fe+2OH^-$	-0.877
148	$Fe(OH)_3+e^- {=\!=\!=} Fe(OH)_2+OH^-$	-0.56
149	$Fe_3O_4+8H^++2e^- {=\!=\!=} 3Fe^{2+}+4H_2O$	1.23
150	$Fm^{3+}+3e^- {=\!=\!=} Fm$	-1.89
151	$Fr^++e^- {=\!=\!=} Fr$	-2.9
152	$Ga^{3+}+3e^- {=\!=\!=} Ga$	-0.549
153	$H_2GaO_3^-+H_2O+3e^- {=\!=\!=} Ga+4OH^-$	-1.29
154	$Gd^{3+}+3e^- {=\!=\!=} Gd$	-2.279
155	$Ge^{2+}+2e^- {=\!=\!=} Ge$	0.24
156	$Ge^{4+}+4e^- {=\!=\!=} Ge^{2+}$	0.0
157	$GeO_2+2H^++2e^- {=\!=\!=} GeO(棕色)+H_2O$	-0.118
158	$GeO_2+2H^++2e^- {=\!=\!=} GeO(黄色)+H_2O$	-0.273
159	$H_2GeO_3+4H^++4e^- {=\!=\!=} Ge+3H_2O$	-0.182
160	$2H^++2e^- {=\!=\!=} H_2$	0.0000
161	$H_2+2e^- {=\!=\!=} 2H^+$	-2.25
162	$2H_2O+2e^- {=\!=\!=} H_2+2OH^-$	-0.8277
163	$Hf^{4+}+4e^- {=\!=\!=} Hf$	-1.55

续表

序号	电极过程	$E^{\ominus}/V$
164	$Hg^{2+}+2e^-{=\!=\!=}Hg$	0.851
165	$Hg_2^{2+}+2e^-{=\!=\!=}2Hg$	0.797
166	$2Hg^{2+}+2e^-{=\!=\!=}Hg_2^{2+}$	0.920
167	$Hg_2Br_2+2e^-{=\!=\!=}2Hg+2Br^-$	0.1392
168	$HgBr_4^{2-}+2e^-{=\!=\!=}Hg+4Br^-$	0.21
169	$HgCl_2+2e^-{=\!=\!=}2Hg+2Cl^-$	0.2681
170	$2HgCl_2+2e^-{=\!=\!=}Hg_2Cl_2+2Cl^-$	0.63
171	$HgCrO_4+2e^-{=\!=\!=}2Hg+CrO_4^{2-}$	0.54
172	$Hg_2I_2+2e^-{=\!=\!=}2Hg+2I_2$	-0.0405
173	$Hg_2O+H_2O+2e^-{=\!=\!=}2Hg+2OH^-$	0.123
174	$HgO+H_2O+2e^-{=\!=\!=}Hg+2OH^-$	0.0977
175	$HgS(红色)+2e^-{=\!=\!=}Hg+S^{2-}$	-0.70
176	$HgS(黑色)+2e^-{=\!=\!=}Hg+S^{2-}$	-0.67
177	$Hg_2(SCN)_2+2e^-{=\!=\!=}2Hg+2SCN^-$	0.22
178	$HgSO_4+2e^-{=\!=\!=}2Hg+SO_4^{2-}$	0.613
179	$Ho^{2+}+2e^-{=\!=\!=}Ho$	-2.1
180	$Ho^{3+}+3e^-{=\!=\!=}Ho$	-2.33
181	$I_2+2e^-{=\!=\!=}2I^-$	0.5355
182	$I_3^-+2e^-{=\!=\!=}3I^-$	0.536
183	$2IBr+2e^-{=\!=\!=}I_2+2Br$	1.02
184	$ICN+2e^-{=\!=\!=}I^-+CN^-$	0.30
185	$2HIO+2H^++2e^-{=\!=\!=}I_2+2H_2O$	1.439
186	$HIO+H^++2e^-{=\!=\!=}I^-+H_2O$	0.987
187	$IO^-+H_2O+2e^-{=\!=\!=}I^-+2OH^-$	0.485
188	$2IO_3^-+12H^++10e^-{=\!=\!=}I_2+6H_2O$	1.195
189	$IO_3^-+6H^++6e^-{=\!=\!=}I^-+3H_2O$	1.085
190	$IO_3^-+2H_2O+4e^-{=\!=\!=}IO^-+4OH^-$	0.15
191	$IO_3^-+3H_2O+6e^-{=\!=\!=}I^-+6OH^-$	0.26
192	$2IO_3^-+6H_2O+10e^-{=\!=\!=}I_2+12OH^-$	0.21
193	$H_5IO_6+H^++2e^-{=\!=\!=}IO_3^-+3H_2O$	1.601
194	$In^++e^-{=\!=\!=}In$	-0.14
195	$In^{3+}+3e^-{=\!=\!=}In$	-0.338
196	$In(OH)_3+3e^-{=\!=\!=}In+3OH^-$	-0.99

序号	电极过程	$E^{\ominus}/V$
197	$Ir^{3+}+3e^-\!\!=\!\!=Ir$	1.156
198	$IrBr_3^{2-}+e^-\!\!=\!\!=IrBr_3^{3-}$	0.99
199	$IrCl_6^{2-}+e^-\!\!=\!\!=IrCl_6^{3-}$	0.867
200	$K^++e^-\!\!=\!\!=K$	-2.931
201	$La^{3+}+3e^-\!\!=\!\!=La$	-2.379
202	$La(OH)_3+3e^-\!\!=\!\!=La+3OH^-$	-2.90
203	$Li^++e^-\!\!=\!\!=Li$	-3.040
204	$Lr^{3+}+3e^-\!\!=\!\!=Lr$	-1.96
205	$Lu^{3+}+3e^-\!\!=\!\!=Lu$	-2.28
206	$Md^{3+}+2e^-\!\!=\!\!=Md$	-2.40
207	$Md^{3+}+3e^-\!\!=\!\!=Md$	-1.65
208	$Mg^{2+}+2e^-\!\!=\!\!=Mg$	-2.372
209	$Mg(OH)_2+2e^-\!\!=\!\!=Mg+2OH^-$	-2.690
210	$Mn^{2+}+2e^-\!\!=\!\!=Mn$	-1.185
211	$Mn^{3+}+2e^-\!\!=\!\!=Mn$	1.542
212	$MnO_2+4H^++2e^-\!\!=\!\!=Mn^{2+}+2H_2O$	1.224
213	$MnO_4^-+4H^++3e^-\!\!=\!\!=MnO_2+2H_2O$	1.679
214	$MnO_4^-+8H^++5e^-\!\!=\!\!=Mn^{2+}+4H_2O$	1.507
215	$MnO_4^-+2H_2O+3e^-\!\!=\!\!=MnO_2+4OH^-$	0.595
216	$Mn(OH)_2+2e^-\!\!=\!\!=Mn+2OH^-$	-1.56
217	$Mo^{3+}+3e^-\!\!=\!\!=Mo$	-0.200
218	$MoO_4^{2-}+4H_2O+6e^-\!\!=\!\!=Mo+8OH^-$	-1.05
219	$N_2+2H_2O+6H^++6e^-\!\!=\!\!=2NH_4OH$	0.092
220	$2NH_3OH^++H^++2e^-\!\!=\!\!=N_2H_5^++2H_2O$	1.42
221	$2NO+H_2O+2e^-\!\!=\!\!=NO_2^-+2OH^-$	0.76
222	$2HNO_2+4H^++4e^-\!\!=\!\!=N_2O+3H_2O$	1.297
223	$NO_3^-+3H^++2e^-\!\!=\!\!=HNO_2+H_2O$	0.934
224	$NO_3^-+H_2O+2e^-\!\!=\!\!=NO_2^-+2OH^-$	0.01
225	$2NO_3^-+2H_2O+2e^-\!\!=\!\!=N_2O_4+4OH^-$	-0.85
226	$Na^++e^-\!\!=\!\!=Na$	-2.713
227	$Nb^{3+}+3e^-\!\!=\!\!=Nb$	-1.099
228	$NbO_2+4H^++4e^-\!\!=\!\!=Nb+2H_2O$	-0.690
229	$Nb_2O_5+10H^++10e^-\!\!=\!\!=2Nb+5H_2O$	-0.644

续表

序号	电极过程	$E^\ominus/V$
230	$Nd^{2+}+2e^-\!=\!=\!Nd$	-2.1
231	$Nd^{3+}+3e^-\!=\!=\!Nd$	-2.323
232	$Ni^{2+}+2e^-\!=\!=\!Ni$	-0.257
233	$NiCO_3+2e^-\!=\!=\!Ni+CO_3^{2-}$	-0.45
234	$Ni(OH)_2+2e^-\!=\!=\!Ni+2OH^-$	-0.72
235	$NiO_2+4H^++2e^-\!=\!=\!Ni^{2+}+2H_2O$	1.678
236	$No^{2+}+2e^-\!=\!=\!No$	-2.50
237	$No^{3+}+3e^-\!=\!=\!No$	-1.20
238	$Np^{3+}+3e^-\!=\!=\!Np$	-1.856
239	$NpO_2+H_2O+H^++e^-\!=\!=\!Np(OH)_3$	-0.962
240	$O_2+4H^++4e^-\!=\!=\!2H_2O$	1.229
241	$O_2+2H_2O+4e^-\!=\!=\!4OH^-$	0.401
242	$O_3+H_2O+2e^-\!=\!=\!O_2+2OH^-$	1.24
243	$Os^{2+}+2e^-\!=\!=\!Os$	0.85
244	$OsCl_6^{3-}+e^-\!=\!=\!Os^{2+}+6Cl^-$	0.40
245	$OsO_2+2H_2O+4e^-\!=\!=\!Os+4OH^-$	-0.15
246	$OsO_4+8H^++8e^-\!=\!=\!Os+4H_2O$	0.838
247	$OsO_4+4H^++4e^-\!=\!=\!OsO_2+2H_2O$	1.02
248	$P+3H_2O+3e^-\!=\!=\!PH_3(g)+3OH^-$	-0.87
249	$H_2PO_2^-+e^-\!=\!=\!P+2OH^-$	-1.82
250	$H_3PO_3+2H^++2e^-\!=\!=\!H_3PO_2+H_2O$	-0.499
251	$H_3PO_3+3H^++3e^-\!=\!=\!P+3H_2O$	-0.454
252	$H_3PO_4+2H^++2e^-\!=\!=\!H_3PO_3+H_2O$	-0.276
253	$PO_4^{3-}+2H_2O+2e^-\!=\!=\!HPO_3^{2-}+3OH^-$	-0.105
254	$Pa^{3+}+3e^-\!=\!=\!Pa$	-1.34
255	$Pa^{4+}+4e^-\!=\!=\!Pa$	-1.49
256	$Pb^{2+}+2e^-\!=\!=\!Pb$	-0.126
257	$Pb^{2+}+2e^-\!=\!=\!Pb$	-0.121
258	$PbBr_2+2e^-\!=\!=\!Pb+2Br^-$	-0.284
259	$PbCl_2+2e^-\!=\!=\!Pb+2Cl^-$	-0.268
260	$PbCO_3+2e^-\!=\!=\!Pb+CO_3^{2-}$	-0.506
261	$PbF_2+2e^-\!=\!=\!Pb+2F^-$	-0.344
262	$PbI_2+2e^-\!=\!=\!Pb+2I^-$	-0.365

序号	电极过程	$E^{\ominus}/V$
263	$PbO+H_2O+2e^- \rightleftharpoons Pb+2OH^-$	-0.580
264	$PbO+4H^++2e^- \rightleftharpoons Pb+H_2O$	-0.25
265	$PbO_2+4H^++2e^- \rightleftharpoons Pb^{2+}+2H_2O$	1.455
266	$HPbO_2^-+H_2O+2e^- \rightleftharpoons Pb+3OH^-$	-0.537
267	$PbO_2+SO_4^{2-}+4H^++2e^- \rightleftharpoons PbSO_4+2H_2O$	1.691
268	$PbSO_4+2e^- \rightleftharpoons Pb+SO_4^{2-}$	-0.359
269	$Pd^{2+}+2e^- \rightleftharpoons Pd$	0.915
270	$PdBr_4^{2-}+2e^- \rightleftharpoons Pd+4Br^-$	0.6
271	$PdO_2+H_2O+2e^- \rightleftharpoons PdO+2OH^-$	0.73
272	$Pd(OH)_2+2e^- \rightleftharpoons Pd+2OH^-$	0.07
273	$Pm^{2+}+2e^- \rightleftharpoons Pm$	-2.20
274	$Pm^{3+}+3e^- \rightleftharpoons Pm$	-2.30
275	$Po^{4+}+4e^- \rightleftharpoons Po$	0.76
276	$Pr^{2+}+2e^- \rightleftharpoons Pr$	-2.0
277	$Pr^{3+}+3e^- \rightleftharpoons Pr$	-2.353
278	$Pt^{2+}+2e^- \rightleftharpoons Pt$	1.18
279	$[PtCl_6]^{2-}+2e^- \rightleftharpoons [PtCl_4]^{2-}+2Cl^-$	0.68
280	$Pt(OH)_2+2e^- \rightleftharpoons Pt+2OH^-$	0.14
281	$PtO_2+4H^++4e^- \rightleftharpoons Pt+2H_2O$	1.00
282	$PtS+2e^- \rightleftharpoons Pt+S^{2-}$	-0.83
283	$Pu^{3+}+3e^- \rightleftharpoons Pu$	-2.031
284	$Pu^{5+}+e^- \rightleftharpoons Pu^{4+}$	1.099
285	$Ra^{2+}+2e^- \rightleftharpoons Ra$	-2.8
286	$Rb^++e^- \rightleftharpoons Rb$	-2.98
287	$Re^{3+}+3e^- \rightleftharpoons Re$	0.300
288	$ReO_2+4H^++4e^- \rightleftharpoons Re+2H_2O$	0.251
289	$ReO_4^-+4H^++3e^- \rightleftharpoons ReO_2+2H_2O$	0.510
290	$ReO_4^-+4H_2O+7e^- \rightleftharpoons Re+8OH^-$	-0.584
291	$Rh^{2+}+2e^- \rightleftharpoons Rh$	0.600
292	$Rh^{3+}+3e^- \rightleftharpoons Rh$	0.758
293	$Ru^{2+}+2e^- \rightleftharpoons Ru$	0.455
294	$RuO_2+4H^++2e^- \rightleftharpoons Ru^{2+}+2H_2O$	1.120
295	$RuO_4+6H^++4e^- \rightleftharpoons Ru(OH)_2^{2+}+2H_2O$	1.40

续表

序号	电极过程	$E^{\ominus}/V$
296	$S+2e^-\!\!=\!\!=\!\!S^{2-}$	-0.476
297	$S+2H^++2e^-\!\!=\!\!=\!\!H_2S(aq)$	0.142
298	$S_2O_6^{2-}+4H^++2e^-\!\!=\!\!=\!\!2H_2SO_3$	0.564
299	$2SO_3^{2-}+3H_2O+4e^-\!\!=\!\!=\!\!S_2O_3^{2-}+6OH^-$	-0.571
300	$2SO_3^{2-}+2H_2O+2e^-\!\!=\!\!=\!\!S_2O_4^{2-}+4OH^-$	-1.12
301	$SO_4^{2-}+H_2O+2e^-\!\!=\!\!=\!\!SO_3^{2-}+2OH^-$	-0.93
302	$Sb+3H^++3e^-\!\!=\!\!=\!\!SbH_3$	-0.510
303	$Sb_2O_3+6H^++6e^-\!\!=\!\!=\!\!2Sb+3H_2O$	0.152
304	$Sb_2O_3+6H^++4e^-\!\!=\!\!=\!\!2SbO^++3H_2O$	0.581
305	$SbO_3^-+H_2O+2e^-\!\!=\!\!=\!\!SbO_2^-+2OH^-$	-0.59
306	$Sc^{3+}+3e^-\!\!=\!\!=\!\!Sc$	-2.077
307	$Sc(OH)_3+3e^-\!\!=\!\!=\!\!Sc+3OH^-$	-2.6
308	$Se+2e^-\!\!=\!\!=\!\!Se^{2-}$	-0.924
309	$Se+2H^++2e^-\!\!=\!\!=\!\!H_2Se(水溶液,aq)$	-0.399
310	$H_2SeO_3+4H^++4e^-\!\!=\!\!=\!\!Se+3H_2O$	-0.74
311	$SeO_3^{2-}+3H_2O+4e^-\!\!=\!\!=\!\!Se+6OH^-$	-0.366
312	$SeO_4^{2-}+H_2O+2e^-\!\!=\!\!=\!\!SeO_3^{2-}+2OH^-$	0.05
313	$Si+4H^++4e^-\!\!=\!\!=\!\!SiH_4(气体)$	0.102
314	$Si+4H_2O+4e^-\!\!=\!\!=\!\!SiH_4+4OH^-$	-0.73
315	$SiF^{2+}+4e^-\!\!=\!\!=\!\!Si+6F^-$	-1.24
316	$SiO_2+4H^++4e^-\!\!=\!\!=\!\!Si+2H_2O$	-0.857
317	$SiO_2+2H_2O+4e^-\!\!=\!\!=\!\!Si+4OH^-$	-1.697
318	$Sm^{2+}+2e^-\!\!=\!\!=\!\!Sm$	-2.68
319	$Sm^{3+}+3e^-\!\!=\!\!=\!\!Sm$	-2.304
320	$Sn^{2+}+2e^-\!\!=\!\!=\!\!Sn$	-0.138
321	$Sn^{4+}+2e^-\!\!=\!\!=\!\!Sn^{2+}$	0.151
322	$SnCl^{2-}+2e^-\!\!=\!\!=\!\!Sn+4Cl(1\ mol/L\ HCl)$	-0.19
323	$SnF_6^{2-}+4e^-\!\!=\!\!=\!\!Sn+6F^-$	-0.25
324	$Sn(OH)_3+3H^++2e^-\!\!=\!\!=\!\!Sn^{2+}+3H_2O$	0.142
325	$SnO_2+4H^++4e^-\!\!=\!\!=\!\!Sn+2H_2O$	-0.117
326	$Sn(OH)_6^{2-}+2e^-\!\!=\!\!=\!\!HSnO_2^-+3OH^-+H_2O$	-0.93
327	$Sr^{2+}+2e^-\!\!=\!\!=\!\!Sr$	-2.899
328	$Sr^{2+}+2e^-\!\!=\!\!=\!\!Sr(Hg)$	-1.793

序号	电极过程	$E^{\ominus}/V$
329	$Sr(OH)_2 + 2e^- \Longrightarrow Sr + 2OH^-$	-2.88
330	$Ta^{3+} + 3e^- \Longrightarrow Ta$	-0.6
331	$Tb^{3+} + 3e^- \Longrightarrow Tb$	-2.28
332	$Tc^{3+} + 3e^- \Longrightarrow Tc$	0.400
333	$TcO^- + 8H^+ + 7e^- \Longrightarrow Tc + 4H_2O$	0.472
334	$TcO^- + 2H_2O + 3e^- \Longrightarrow TcO_2 + 4OH^-$	-0.311
335	$Te + 2e^- \Longrightarrow Te^{2-}$	-1.143
336	$Te^{4+} + 4e^- \Longrightarrow Te$	0.568
337	$Th^{4+} + 4e^- \Longrightarrow Th$	-1.899
338	$Ti^{2+} + 2e^- \Longrightarrow Ti$	-1.630
339	$Ti^{3+} + 3e^- \Longrightarrow Ti$	-1.37
340	$TiO_2 + 4H^+ + 2e^- \Longrightarrow Ti^{2+} + 2H_2O$	-0.502
341	$TiO^{2+} + 2H^+ + e^- \Longrightarrow Ti^{3+} + H_2O$	0.1
342	$Tl + e^- \Longrightarrow Tl$	0.741
343	$Tl^{3+} + 3e^- \Longrightarrow Tl$	-0.336
344	$Tl^{3+} + Cl^- + 2e^- \Longrightarrow TlCl$	1.36
345	$TlBr + e^- \Longrightarrow Tl + Br^-$	-0.658
346	$TlCl + e^- \Longrightarrow Tl + Cl^-$	-0.557
347	$TlI + e^- \Longrightarrow Tl + I^-$	-0.752
348	$Tl_2O_3 + 3H_2O + 6e^- \Longrightarrow 2Tl + 6OH^-$	0.02
349	$TlOH + e^- \Longrightarrow Tl + OH^-$	-0.34
350	$TlSO_4 + 2e^- \Longrightarrow 2Tl + SO_4^{2-}$	-0.436
351	$Tm^{2+} + 2e^- \Longrightarrow Tm$	-2.4
352	$Tm^{3+} + 3e^- \Longrightarrow Tm$	-2.319
353	$U^{3+} + 3e^- \Longrightarrow U$	-1.798
354	$UO_2 + 4H^+ + 4e^- \Longrightarrow U + 2H_2O$	-1.40
355	$UO_2^+ + 4H^+ + e^- \Longrightarrow U^{4+} + 2H_2O$	0.612
356	$UO_2^{2+} + 4H^+ + 6e^- \Longrightarrow U + 2H_2O$	-1.444
357	$V^{2+} + 2e^- \Longrightarrow V$	-1.175
358	$VO^{2+} + 2H^+ + e^- \Longrightarrow V^{3+} + H_2O$	0.337
359	$VO_2^+ + 2H^+ + e^- \Longrightarrow VO^{2+} + H_2O$	0.991
360	$VO_2^+ + 4H^+ + 2e^- \Longrightarrow V^{3+} + 2H_2O$	0.668
361	$V_2O_5^{2+} + 10H^+ + 10e^- \Longrightarrow 2V + 5H_2O$	-0.242

序号	电极过程	$E^{\ominus}/V$
362	$W^{3+}+3e^-\!\!=\!\!=\!\!W$	0.1
363	$WO_3+6H^++6e^-\!\!=\!\!=\!\!W+3H_2O$	-0.090
364	$W_2O_5+2H^++2e^-\!\!=\!\!=\!\!2WO_2+H_2O$	-0.031
365	$Y^{3+}+3e^-\!\!=\!\!=\!\!Y$	-2.372
366	$Yb^{2+}+2e^-\!\!=\!\!=\!\!Yb$	-2.76
367	$Yb^{3+}+3e^-\!\!=\!\!=\!\!Yb$	-2.19
368	$Zn^{2+}+2e^-\!\!=\!\!=\!\!Zn$	-0.7618
369	$Zn^{2+}+2e^-\!\!=\!\!=\!\!Zn(Hg)$	-0.7628
370	$Zn(OH)_2+2e^-\!\!=\!\!=\!\!Zn+2OH^-$	-1.249
371	$ZnS+2e^-\!\!=\!\!=\!\!Zn+S^{2-}$	-1.40
372	$ZnSO_4+2e^-\!\!=\!\!=\!\!Zn(Hg)+SO_4^{2-}$	-0.799

注：表中所列标准电极电势（25.0℃，101.325kPa）是相对于标准氢电极电势的值。

附录5：难溶化合物的溶度积常数（25 ℃）

分子式	K_{sp}	pK_{sp}	分子式	K_{sp}	pK_{sp}
Ag_3AsO_4	1.0×10^{-22}	22.0	Ag_2SO_4	1.4×10^{-5}	4.84
$AgBr$	5.0×10^{-13}	12.3	Ag_2Se	2.0×10^{-64}	63.7
$AgBrO_3$	5.50×10^{-5}	4.26	Ag_2SeO_3	1.0×10^{-15}	15.00
$AgCl$	1.8×10^{-10}	9.75	Ag_2SeO_4	5.7×10^{-8}	7.25
$AgCN$	1.2×10^{-16}	15.92	$AgVO_3$	5.0×10^{-7}	6.3
Ag_2CO_3	8.1×10^{-12}	11.09	Ag_2WO_4	5.5×10^{-12}	11.26
$Ag_2C_2O_4$	3.5×10^{-11}	10.46	$Al(OH)_3$	4.57×10^{-33}	32.34
$Ag_2Cr_2O_4$	1.2×10^{-12}	11.92	$AlPO_4$	6.3×10^{-19}	18.24
$Ag_2Cr_2O_7$	2.0×10^{-7}	6.70	Al_2S_3	2.0×10^{-7}	6.7
AgI	8.3×10^{-17}	16.08	$Au(OH)_3$	5.5×10^{-46}	45.26
$AgIO_3$	3.1×10^{-8}	7.51	$AuCl_3$	3.2×10^{-25}	24.5
$AgOH$	2.0×10^{-8}	7.71	AuI_3	1.0×10^{-46}	46.0
Ag_2MoO_4	2.8×10^{-12}	11.55	$Ba_3(AsO_4)_2$	8.0×10^{-51}	50.1
Ag_3PO_4	1.4×10^{-16}	15.84	$BaCO_3$	5.1×10^{-9}	8.29
Ag_2S	6.3×10^{-50}	49.2	BaC_2O_4	1.6×10^{-7}	6.79
$AgSCN$	1.0×10^{-12}	12.00	$BaCrO_4$	1.2×10^{-10}	9.93
Ag_2SO_3	1.5×10^{-14}	13.82	$Ba_3(PO_4)_2$	3.4×10^{-23}	22.44

分子式	K_{sp}	pK_{sp}	分子式	K_{sp}	pK_{sp}
$BaSO_4$	1.1×10^{-10}	9.96	$Co_3(PO_4)_3$	2.0×10^{-35}	34.7
BaS_2O_3	1.6×10^{-5}	4.79	$CrAsO_4$	7.7×10^{-21}	20.11
$BaSeO_3$	2.7×10^{-7}	6.57	$Cr(OH)_3$	6.3×10^{-31}	30.2
$BaSeO_4$	3.5×10^{-8}	7.46	$CrPO_4 \cdot 4H_2O(绿)$	2.4×10^{-23}	22.62
$Be(OH)_2$	1.6×10^{-22}	21.8	$CrPO_4 \cdot 4H_2O(紫)$	1.0×10^{-17}	17.0
$BiAsO_4$	4.4×10^{-10}	9.36	$CuBr$	5.3×10^{-9}	8.28
$Bi_2(C_2O_4)_3$	3.98×10^{-36}	35.4	$CuCl$	1.2×10^{-6}	5.92
$Bi(OH)_3$	4.0×10^{-31}	30.4	$CuCN$	3.2×10^{-20}	19.49
$BiPO_4$	1.26×10^{-23}	22.9	$CuCO_3$	2.34×10^{-10}	9.63
$CaCO_3$	2.8×10^{-9}	8.54	CuI	1.1×10^{-12}	11.96
$CaC_2O_4 \cdot H_2O$	4.0×10^{-9}	8.4	$Cu(OH)_2$	2.2×10^{-20}	19.66
CaF_2	2.7×10^{-11}	10.57	$Cu_3(PO_4)_2$	1.3×10^{-37}	36.9
$CaMoO_4$	4.17×10^{-8}	7.38	Cu_2S	2.5×10^{-48}	47.6
$Ca(OH)_2$	5.5×10^{-6}	5.26	Cu_2Se	1.58×10^{-61}	60.8
$Ca_3(PO_4)_2$	2.0×10^{-29}	28.70	CuS	6.3×10^{-36}	35.2
$CaSO_4$	3.16×10^{-7}	5.04	$CuSe$	7.94×10^{-49}	48.1
$CaSiO_3$	2.5×10^{-8}	7.60	$Dy(OH)_3$	1.4×10^{-22}	21.85
$CaWO_4$	8.7×10^{-9}	8.06	$Er(OH)_3$	4.1×10^{-24}	23.39
$CdCO_3$	5.2×10^{-12}	11.28	$Eu(OH)_3$	8.9×10^{-24}	23.05
$CdC_2O_4 \cdot 3H_2O$	9.1×10^{-8}	7.04	$FeAsO_4$	5.7×10^{-21}	20.24
$Cd_3(PO_4)_2$	2.5×10^{-33}	32.6	$FeCO_3$	3.2×10^{-11}	10.50
CdS	8.0×10^{-27}	26.1	$Fe(OH)_2$	8.0×10^{-16}	15.1
$CdSe$	6.31×10^{-36}	35.2	$Fe(OH)_3$	4.0×10^{-38}	37.4
$CdSeO_3$	1.3×10^{-9}	8.89	$FePO_4$	1.3×10^{-22}	21.89
CeF_3	8.0×10^{-16}	15.1	FeS	6.3×10^{-18}	17.2
$CePO_4$	1.0×10^{-23}	23.0	$Ga(OH)_3$	7.0×10^{-36}	35.15
$Co_3(AsO_4)_2$	7.6×10^{-29}	28.12	$GaPO_4$	1.0×10^{-21}	21.0
$CoCO_3$	1.4×10^{-13}	12.84	$Gd(OH)_3$	1.8×10^{-23}	22.74
CoC_2O_4	6.3×10^{-8}	7.2	$Hf(OH)_4$	4.0×10^{-26}	25.4
$Co(OH)_2(蓝)$	6.31×10^{-15}	14.2	Hg_2Br_2	5.6×10^{-23}	22.24
$Co(OH)_2(粉红,新沉淀)$	1.58×10^{-15}	14.8	Hg_2Cl_2	1.3×10^{-18}	17.88
$Co(OH)_2(粉红,陈化)$	2.00×10^{-16}	15.7	HgC_2O_4	1.0×10^{-7}	7.0
$CoHPO_4$	2.0×10^{-7}	6.7	Hg_2O_3	8.9×10^{-17}	16.05

分子式	K_{sp}	pK_{sp}	分子式	K_{sp}	pK_{sp}
$Hg_2(CN)_2$	5.0×10^{-40}	39.3	$\alpha\text{-NiS}$	3.2×10^{-19}	18.5
Hg_2CrO_4	2.0×10^{-9}	8.70	$\beta\text{-NiS}$	1.0×10^{-24}	24.0
Hg_2I_2	4.5×10^{-29}	28.35	$\gamma\text{-NiS}$	2.0×10^{-26}	25.7
HgI_2	2.82×10^{-29}	28.55	$Pb_3(AsO_4)_2$	4.0×10^{-36}	35.39
$Hg_2(IO_3)_2$	2.0×10^{-14}	13.71	$PbBr_2$	4.0×10^{-5}	4.41
$Hg_2(OH)_2$	2.0×10^{-24}	23.7	$PbCl_2$	1.6×10^{-5}	4.79
$HgSe$	1.0×10^{-59}	59.0	$PbCO_3$	7.4×10^{-14}	13.13
$HgS(红)$	4.0×10^{-53}	52.4	$PbCrO_4$	2.8×10^{-13}	12.55
$HgS(黑)$	1.6×10^{-52}	51.8	PbF_2	2.7×10^{-8}	7.57
Hg_2WO_4	1.1×10^{-17}	16.96	$PbMoO_4$	1.0×10^{-13}	13.0
$Ho(OH)_3$	5.0×10^{-23}	22.30	$Pb(OH)_2$	1.2×10^{-15}	14.93
$In(OH)_3$	1.3×10^{-37}	36.9	$Pb(OH)_4$	3.2×10^{-66}	65.49
$InPO_4$	2.3×10^{-22}	21.63	$Pb_3(PO_4)_3$	8.0×10^{-43}	42.10
In_2S_3	5.7×10^{-74}	73.24	PbS	1.0×10^{-28}	28.00
$La_2(CO_3)_3$	3.98×10^{-34}	33.4	$PbSO_4$	1.6×10^{-8}	7.79
$LaPO_4$	3.98×10^{-23}	22.43	$PbSe$	7.94×10^{-43}	42.1
$Lu(OH)_3$	1.9×10^{-24}	23.72	$PbSeO_4$	1.4×10^{-7}	6.84
$Mg_3(AsO_4)_2$	2.1×10^{-20}	19.68	$Pd(OH)_2$	1.0×10^{-31}	31.0
$MgCO_3$	3.5×10^{-8}	7.46	$Pd(OH)_4$	6.3×10^{-71}	70.2
$MgCO_3\cdot3H_2O$	2.14×10^{-5}	4.67	PdS	2.03×10^{-58}	57.69
$Mg(OH)_2$	1.8×10^{-11}	10.74	$Pm(OH)_3$	1.0×10^{-21}	21.0
$Mg_3(PO_4)_2\cdot8H_2O$	6.31×10^{-26}	25.2	$Pr(OH)_3$	6.8×10^{-22}	21.17
$Mn_3(AsO_4)_2$	1.9×10^{-29}	28.72	$Pt(OH)_2$	1.0×10^{-35}	35.0
$MnCO_3$	1.8×10^{-11}	10.74	$Pu(OH)_3$	2.0×10^{-20}	19.7
$Mn(IO_3)_2$	4.37×10^{-7}	6.36	$Pu(OH)_4$	1.0×10^{-55}	55.0
$Mn(OH)_4$	1.9×10^{-13}	12.72	$RaSO_4$	4.2×10^{-11}	10.37
$MnS(粉红)$	2.5×10^{-10}	9.6	$Rh(OH)_3$	1.0×10^{-23}	23.0
$MnS(绿)$	2.5×10^{-13}	12.6	$Ru(OH)_3$	1.0×10^{-36}	36.0
$Ni_3(AsO_4)_2$	3.1×10^{-26}	25.51	Sb_2S_3	1.5×10^{-93}	92.8
$NiCO_3$	6.6×10^{-9}	8.18	ScF_3	4.2×10^{-18}	17.37
NiC_2O_4	4.0×10^{-10}	9.4	$Sc(OH)_3$	8.0×10^{-31}	30.1
$Ni(OH)_2(新)$	2.0×10^{-15}	14.7	$Sm(OH)_3$	8.2×10^{-23}	22.08
$Ni_3(PO_4)_2$	5.0×10^{-31}	30.3	$Sn(OH)_2$	1.4×10^{-28}	27.85

续表

分子式	K_{sp}	pK_{sp}	分子式	K_{sp}	pK_{sp}
$Sn(OH)_4$	1.0×10^{-56}	56.0	$TlCl$	1.7×10^{-4}	3.76
SnO_2	3.98×10^{-65}	64.4	Tl_2CrO_4	9.77×10^{-13}	12.01
SnS	1.0×10^{-25}	25.0	TlI	6.5×10^{-8}	7.19
$SnSe$	3.98×10^{-39}	38.4	TlN_3	2.2×10^{-4}	3.66
$Sr_3(AsO_4)_2$	8.1×10^{-19}	18.09	Tl_2S	5.0×10^{-21}	20.3
$SrCO_3$	1.1×10^{-10}	9.96	$TlSeO_3$	2.0×10^{-39}	38.7
$SrC_2O_4 \cdot H_2O$	1.6×10^{-7}	6.80	$UO_2(OH)_2$	1.1×10^{-22}	21.95
SrF_2	2.5×10^{-9}	8.61	$VO(OH)_2$	5.9×10^{-23}	22.13
$Sr_3(PO_4)_2$	4.0×10^{-28}	27.39	$Y(OH)_3$	8.0×10^{-23}	22.1
$SrSO_4$	3.2×10^{-7}	6.49	$Yb(OH)_3$	3.0×10^{-24}	23.52
$SrWO_4$	1.7×10^{-10}	9.77	$Zn_3(AsO_4)_2$	1.3×10^{-28}	27.89
$Tb(OH)_3$	2.0×10^{-22}	21.7	$ZnCO_3$	1.4×10^{-11}	10.84
$Te(OH)_4$	3.0×10^{-54}	53.52	$Zn(OH)_2$	2.09×10^{-16}	15.68
$Th(C_2O_4)_2$	1.0×10^{-22}	22.0	$Zn_3(PO_4)_2$	9.0×10^{-33}	32.04
$Th(IO_3)_4$	2.5×10^{-15}	14.6	$\alpha\text{-}ZnS$	1.6×10^{-24}	23.8
$Th(OH)_4$	4.0×10^{-45}	44.4	$\beta\text{-}ZnS$	2.5×10^{-22}	21.6
$Ti(OH)_3$	1.0×10^{-40}	40.0	$ZrO(OH)_2$	6.3×10^{-49}	48.2
$TlBr$	3.4×10^{-6}	5.47			

附录6：配合物的稳定常数（25 ℃）

金属-无机配位体配合物的稳定常数

配位体	金属离子	配位体数目 n	$lg\beta_n$
	Ag^+	1,2	3.24,7.05
	Au^{3+}	4	10.3
	Cd^{2+}	1,2,3,4,5,6	2.65,4.75,6.19,7.12,6.80,5.14
	Co^{2+}	1,2,3,4,5,6	2.11,3.74,4.79,5.55,5.73,5.11
	Co^{3+}	1,2,3,4,5,6	6.7,14.0,20.1,25.7,30.8,35.2
NH_3	Cu^+	1,2	5.93,10.86
	Cu^{2+}	1,2,3,4,5	4.31,7.98,11.02,13.32,12.86
	Fe^{2+}	1,2	1.4,2.2
	Hg^{2+}	1,2,3,4	8.8,17.5,18.5,19.28
	Mn^{2+}	1,2	0.8,1.3

续表

金属-无机配位体配合物的稳定常数

配位体	金属离子	配位体数目 n	$\lg\beta_n$
NH$_3$	Ni^{2+}	1,2,3,4,5,6	2.80,5.04,6.77,7.96,8.71,8.74
	Pd^{2+}	1,2,3,4	9.6,18.5,26.0,32.8
	Pt^{2+}	6	35.3
	Zn^{2+}	1,2,3,4	2.37,4.81,7.31,9.46
Br$^-$	Ag$^+$	1,2,3,4	4.38,7.33,8.00,8.73
	Bi^{3+}	1,2,3,4,5,6	2.37,4.20,5.90,7.30,8.20,8.30
	Cd^{2+}	1,2,3,4	1.75,2.34,3.32,3.70,
	Ce^{3+}	1	0.42
	Cu$^+$	2	5.89
	Cu^{2+}	1	0.30
	Hg^{2+}	1,2,3,4	9.05,17.32,19.74,21.00
	In^{3+}	1,2	1.30,1.88
	Pb^{2+}	1,2,3,4	1.77,2.60,3.00,2.30
	Pd^{2+}	1,2,3,4	5.17,9.42,12.70,14.90
	Rh^{3+}	2,3,4,5,6	14.3,16.3,17.6,18.4,17.2
	Sc^{3+}	1,2	2.08,3.08
	Sn^{2+}	1,2,3	1.11,1.81,1.46
	Tl^{3+}	1,2,3,4,5,6	9.7,16.6,21.2,23.9,29.2,31.6
	U^{4+}	1	0.18
	Y^{3+}	1	1.32
Cl$^-$	Ag$^+$	1,2,4	3.04,5.04,5.30
	Bi^{3+}	1,2,3,4	2.44,4.7,5.0,5.6
	Cd^{2+}	1,2,3,4	1.95,2.50,2.60,2.80
	Co^{3+}	1	1.42
	Cu$^+$	2,3	5.5,5.7
	Cu^{2+}	1,2	0.1,−0.6
	Fe^{2+}	1	1.17
	Fe^{3+}	2	9.8
	Hg^{2+}	1,2,3,4	6.74,13.22,14.07,15.07
	In^{3+}	1,2,3,4	1.62,2.44,1.70,1.60
	Pb^{2+}	1,2,3	1.42,2.23,3.23
	Pd^{2+}	1,2,3,4	6.1,10.7,13.1,15.7

续表

金属-无机配位体配合物的稳定常数

配位体	金属离子	配位体数目 n	$\lg\beta_n$
Cl$^-$	Pt^{2+}	2,3,4	11.5,14.5,16.0
	Sb^{3+}	1,2,3,4	2.26,3.49,4.18,4.72
	Sn^{2+}	1,2,3,4	1.51,2.24,2.03,1.48
	Tl^{3+}	1,2,3,4	8.14,13.60,15.78,18.00
	Th^{4+}	1,2	1.38,0.38
	Zn^{2+}	1,2,3,4	0.43,0.61,0.53,0.20
	Zr^{4+}	1,2,3,4	0.9,1.3,1.5,1.2
CN$^-$	Ag$^+$	2,3,4	21.1,21.7,20.6
	Au$^+$	2	38.3
	Cd^{2+}	1,2,3,4	5.48,10.60,15.23,18.78
	Cu$^+$	2,3,4	24.0,28.59,30.30
	Fe^{2+}	6	35.0
	Fe^{3+}	6	42.0
	Hg^{2+}	4	41.4
	Ni^{2+}	4	31.3
	Zn^{2+}	1,2,3,4	5.3,11.70,16.70,21.60
F$^-$	Al^{3+}	1,2,3,4,5,6	6.11,11.12,15.00,18.00,19.40,19.80
	Be^{2+}	1,2,3,4	4.99,8.80,11.60,13.10
	Bi^{3+}	1	1.42
	Co^{2+}	1	0.4
	Cr^{3+}	1,2,3	4.36,8.70,11.20
	Cu^{2+}	1	0.9
	Fe^{2+}	1	0.8
	Fe^{3+}	1,2,3,5	5.28,9.30,12.06,15.77
	Ga^{3+}	1,2,3	4.49,8.00,10.50
	Hf^{4+}	1,2,3,4,5,6	9.0,16.5,23.1,28.8,34.0,38.0
	Hg^{2+}	1	1.03
	In^{3+}	1,2,3,4	3.70,6.40,8.60,9.80
	Mg^{2+}	1	1.30
	Mn^{2+}	1	5.48
	Ni^{2+}	1	0.50
	Pb^{2+}	1,2	1.44,2.54

金属-无机配位体配合物的稳定常数

配位体	金属离子	配位体数目 n	$\lg\beta_n$
F$^-$	Sb^{3+}	1,2,3,4	3.0,5.7,8.3,10.9
	Sn^{2+}	1,2,3	4.08,6.68,9.50
	Th^{4+}	1,2,3,4	8.44,15.08,19.80,23.20
	TiO^{2+}	1,2,3,4	5.4,9.8,13.7,18.0
	Zn^{2+}	1	0.78
	Zr^{4+}	1,2,3,4,5,6	9.4,17.2,23.7,29.5,33.5,38.3
I$^-$	Ag$^+$	1,2,3	6.58,11.74,13.68
	Bi^{3+}	1,4,5,6	3.63,14.95,16.80,18.80
	Cd^{2+}	1,2,3,4	2.10,3.43,4.49,5.41
	Cu$^+$	2	8.85
	Fe^{3+}	1	1.88
	Hg^{2+}	1,2,3,4	12.87,23.82,27.60,29.83
	Pb^{2+}	1,2,3,4	2.00,3.15,3.92,4.47
	Pd^{2+}	4	24.5
	Tl$^+$	1,2,3	0.72,0.90,1.08
	Tl^{3+}	1,2,3,4	11.41,20.88,27.60,31.82
OH$^-$	Ag$^+$	1,2	2.0,3.99
	Al^{3+}	1,4	9.27,33.03
	As^{3+}	1,2,3,4	14.33,18.73,20.60,21.20
	Be^{2+}	1,2,3	9.7,14.0,15.2
	Bi^{3+}	1,2,4	12.7,15.8,35.2
	Ca^{2+}	1	1.3
	Cd^{2+}	1,2,3,4	4.17,8.33,9.02,8.62
	Ce^{3+}	1	4.6
	Ce^{4+}	1,2	13.28,26.46
	Co^{2+}	1,2,3,4	4.3,8.4,9.7,10.2
	Cr^{3+}	1,2,4	10.1,17.8,29.9
	Cu^{2+}	1,2,3,4	7.0,13.68,17.00,18.5
	Fe^{2+}	1,2,3,4	5.56,9.77,9.67,8.58
	Fe^{3+}	1,2,3	11.87,21.17,29.67
	Hg^{2+}	1,2,3	10.6,21.8,20.9
	In^{3+}	1,2,3,4	10.0,20.2,29.6,38.9

金属-无机配位体配合物的稳定常数

配位体	金属离子	配位体数目 n	$\lg\beta_n$
OH⁻	Mg^{2+}	1	2.58
	Mn^{2+}	1,3	3.9,8.3
	Ni^{2+}	1,2,3	4.97,8.55,11.33
	Pa^{4+}	1,2,3,4	14.04,27.84,40.7,51.4
	Pb^{2+}	1,2,3	7.82,10.85,14.58
	Pd^{2+}	1,2	13.0,25.8
	Sb^{3+}	2,3,4	24.3,36.7,38.3
	Sc^{3+}	1	8.9
	Sn^{2+}	1	10.4
	Th^{3+}	1,2	12.86,25.37
	Ti^{3+}	1	12.71
	Zn^{2+}	1,2,3,4	4.40,11.30,14.14,17.66
	Zr^{4+}	1,2,3,4	14.3,28.3,41.9,55.3
NO₃⁻	Ba^{2+}	1	0.92
	Bi^{3+}	1	1.26
	Ca^{2+}	1	0.28
	Cd^{2+}	1	0.40
	Fe^{3+}	1	1.0
	Hg^{2+}	1	0.35
	Pb^{2+}	1	1.18
	Tl^{+}	1	0.33
	Tl^{3+}	1	0.92
$P_2O_7^{4-}$	Ba^{2+}	1	4.6
	Ca^{2+}	1	4.6
	Cd^{3+}	1	5.6
	Co^{2+}	1	6.1
	Cu^{2+}	1,2	6.7,9.0
	Hg^{2+}	2	12.38
	Mg^{2+}	1	5.7
	Ni^{2+}	1,2	5.8,7.4
	Pb^{2+}	1,2	7.3,10.15
	Zn^{2+}	1,2	8.7,11.0

续表

金属-无机配位体配合物的稳定常数

配位体	金属离子	配位体数目 n	$\lg\beta_n$
SCN⁻	Ag^+	1,2,3,4	4.6,7.57,9.08,10.08
	Bi^{3+}	1,2,3,4,5,6	1.67,3.00,4.00,4.80,5.50,6.10
	Cd^{2+}	1,2,3,4	1.39,1.98,2.58,3.6
	Cr^{3+}	1,2	1.87,2.98
	Cu^+	1,2	12.11,5.18
	Cu^{2+}	1,2	1.90,3.00
	Fe^{3+}	1,2,3,4,5,6	2.21,3.64,5.00,6.30,6.20,6.10
	Hg^{2+}	1,2,3,4	9.08,16.86,19.70,21.70
	Ni^{2+}	1,2,3	1.18,1.64,1.81
	Pb^{2+}	1,2,3	0.78,0.99,1.00
	Sn^{2+}	1,2,3	1.17,1.77,1.74
	Th^{4+}	1,2	1.08,1.78
	Zn^{2+}	1,2,3,4	1.33,1.91,2.00,1.60
$S_2O_3^{2-}$	Ag^+	1,2	8.82,13.46
	Cd^{2+}	1,2	3.92,6.44
	Cu^+	1,2,3	10.27,12.22,13.84
	Fe^{3+}	1	2.10
	Hg^{2+}	2,3,4	29.44,31.90,33.24
	Pb^{2+}	2,3	5.13,6.35
SO_4^{2-}	Ag^+	1	1.3
	Ba^{2+}	1	2.7
	Bi^{3+}	1,2,3,4,5	1.98,3.41,4.08,4.34,4.60
	Fe^{3+}	1,2	4.04,5.38
	Hg^{2+}	1,2	1.34,2.40
	In^{3+}	1,2,3	1.78,1.88,2.36
	Ni^{2+}	1	2.4
	Pb^{2+}	1	2.75
	Pr^{3+}	1,2	3.62,4.92
	Th^{4+}	1,2	3.32,5.50
	Zr^{4+}	1,2,3	3.79,6.64,7.77

续表

金属-有机配位体配合物的稳定常数			
配位体	金属离子	配位数目 n	$\lg\beta_n$
	Ag^+	1	7.32
	Al^{3+}	1	16.11
	Ba^{2+}	1	7.78
	Be^{2+}	1	9.3
	Bi^{3+}	1	22.8
	Ca^{2+}	1	11.0
	Cd^{2+}	1	16.4
	Co^{2+}	1	16.31
	Co^{3+}	1	36.0
	Cr^{3+}	1	23.0
	Cu^{2+}	1	18.7
	Fe^{2+}	1	14.83
	Fe^{3+}	1	24.23
	Ga^{3+}	1	20.25
	Hg^{2+}	1	21.80
	In^{3+}	1	24.95
乙二胺四乙酸 (EDTA) $[(HOOCCH_2)_2NCH_2]_2$	Li^+	1	2.79
	Mg^{2+}	1	8.64
	Mn^{2+}	1	13.8
	$Mo(V)$	1	6.36
	Na^+	1	1.66
	Ni^{2+}	1	18.56
	Pb^{2+}	1	18.3
	Pd^{2+}	1	18.5
	Sc^{2+}	1	23.1
	Sn^{2+}	1	22.1
	Sr^{2+}	1	8.80
	Th^{4+}	1	23.2
	TiO^{2+}	1	17.3
	Tl^{3+}	1	22.5
	U^{4+}	1	17.50
	VO^{2+}	1	18.0
	Y^{3+}	1	18.32
	Zn^{2+}	1	16.4
	Zr^{4+}	1	19.4

续表

金属-有机配位体配合物的稳定常数

配位体	金属离子	配位数目 n	$\lg\beta_n$
乙酸 CH_3COOH	Ag^+	1,2	0.73,0.64
	Ba^{2+}	1	0.41
	Ca^{2+}	1	0.6
	Cd^{2+}	1,2,3	1.5,2.3,2.4
	Ce^{3+}	1,2,3,4	1.68,2.69,3.13,3.18
	Co^{2+}	1,2	1.5,1.9
	Cr^{3+}	1,2,3	4.63,7.08,9.60
	$Cu^{2+}(20℃)$	1,2	2.16,3.20
	In^{3+}	1,2,3,4	3.50,5.95,7.90,9.08
	Mn^{2+}	1,2	9.84,2.06
	Ni^{2+}	1,2	1.12,1.81
	Pb^{2+}	1,2,3,4	2.52,4.0,6.4,8.5
	Sn^{2+}	1,2,3	3.3,6.0,7.3
	Tl^{3+}	1,2,3,4	6.17,11.28,15.10,18.3
	Zn^{2+}	1	1.5
乙酰丙酮 $CH_3COCH_2COCH_3$	$Al^{3+}(30℃)$	1,2	8.6,15.5
	Cd^{2+}	1,2	3.84,6.66
	Co^{2+}	1,2	5.40,9.54
	Cr^{2+}	1,2	5.96,11.7
	Cu^{2+}	1,2	8.27,16.34
	Fe^{2+}	1,2	5.07,8.67
	Fe^{3+}	1,2,3	11.4,22.1,26.7
	Hg^{2+}	2	21.5
	Mg^{2+}	1,2	3.65,6.27
	Mn^{2+}	1,2	4.24,7.35
	Mn^{3+}	3	3.86
	$Ni^{2+}(20℃)$	1,2,3	6.06,10.77,13.09
	Pb^{2+}	2	6.32
	$Pd^{2+}(30℃)$	1,2	16.2,27.1
	Th^{4+}	1,2,3,4	8.8,16.2,22.5,26.7
	Ti^{3+}	1,2,3	10.43,18.82,24.90
	V^{2+}	1,2,3	5.4,10.2,14.7
	$Zn^{2+}(30℃)$	1,2	4.98,8.81
	Zr^{4+}	1,2,3,4	8.4,16.0,23.2,30.1

续表

金属-有机配位体配合物的稳定常数

配位体	金属离子	配位数目 n	$\lg\beta_n$
草酸 HOOCCOOH	Ag^+	1	2.41
	Al^{3+}	1,2,3	7.26,13.0,16.3
	Ba^{2+}	1	2.31
	Ca^{2+}	1	3.0
	Cd^{2+}	1,2	3.52,5.77
	Co^{2+}	1,2,3	4.79,6.7,9.7
	Cu^{2+}	1,2	6.23,10.27
	Fe^{2+}	1,2,3	2.9,4.52,5.22
	Fe^{3+}	1,2,3	9.4,16.2,20.2
	Hg^{2+}	1	9.66
	Hg_2^{2+}	2	6.98
	Mg^{2+}	1,2	3.43,4.38
	Mn^{2+}	1,2	3.97,5.80
	Mn^{3+}	1,2,3	9.98,16.57,19.42
	Ni^{2+}	1,2,3	5.3,7.64,~8.5
	Pb^{2+}	1,2	4.91,6.76
	Sc^{3+}	1,2,3,4	6.86,11.31,14.32,16.70
	Th^{4+}	4	24.48
	Zn^{2+}	1,2,3	4.89,7.60,8.15
	Zr^{4+}	1,2,3,4	9.80,17.14,20.86,21.15
乳酸 $CH_2CHOHCOOH$	Ba^{2+}	1	0.64
	Ca^{2+}	1	1.42
	Cd^{2+}	1	1.70
	Co^{2+}	1	1.90
	Cu^{2+}	1,2	3.02,4.85
	Fe^{3+}	1	7.1
	Mg^{2+}	1	1.37
	Mn^{2+}	1	1.43
	Ni^{2+}	1	2.22
	Pb^{2+}	1,2	2.40,3.80
	Sc^{2+}	1	5.2
	Th^{4+}	1	5.5
	Zn^{2+}	1,2	2.20,3.75

金属-有机配位体配合物的稳定常数

配位体	金属离子	配位数目 n	$\lg\beta_n$
	Al^{3+}	1	14.11
	Cd^{2+}	1	5.55
	Co^{2+}	1,2	6.72,11.42
	Cr^{2+}	1,2	8.4,15.3
	Cu^{2+}	1,2	10.60,18.45
水杨酸	Fe^{2+}	1,2	6.55,11.25
$C_6H_4(OH)COOH$	Mn^{2+}	1,2	5.90,9.80
	Ni^{2+}	1,2	6.95,11.75
	Th^{4+}	1,2,3,4	4.25,7.60,10.05,11.60
	TiO^{2+}	1	6.09
	V^{2+}	1	6.3
	Zn^{2+}	1	6.85
	Al^{3+}	1,2,3	13.20,22.83,28.89
	Be^{2+}	1,2	11.71,20.81
	Cd^{2+}	1,2	16.68,29.08
	Co^{2+}	1,2	6.13,9.82
磺基水杨酸	Cr^{3+}	1	9.56
$HO_3SC_6H_3(OH)COOH$	Cu^{2+}	1,2	9.52,16.45
	Fe^{2+}	1,2	5.9,9.9
	Fe^{3+}	1,2,3	14.64,25.18,32.12
	Mn^{2+}	1,2	5.24,8.24
	Ni^{2+}	1,2	6.42,10.24
	Zn^{2+}	1,2	6.05,10.65
	Ba^{2+}	2	1.62
	Bi^{3+}	3	8.30
	Ca^{2+}	1,2	2.98,9.01
	Cd^{2+}	1	2.8
酒石酸	Co^{2+}	1	2.1
$HOOCCH(OH)CH(OH)COOH$	Cu^{2+}	1,2,3,4	3.2,5.11,4.78,6.51
	Fe^{3+}	1	7.49
	Hg^{2+}	1	7.0
	Mg^{2+}	2	1.36
	Mn^{2+}	1	2.49

金属-有机配位体配合物的稳定常数

配位体	金属离子	配位数目 n	$\lg\beta_n$
酒石酸 HOOCCH(OH)CH(OH)COOH	Ni^{2+}	1	2.06
	Pb^{2+}	1,3	3.78,4.7
	Sn^{2+}	1	5.2
	Zn^{2+}	1,2	2.68,8.32
丁二酸 HOOCCH$_2$CH$_2$COOH	Ba^{2+}	1	2.08
	Be^{2+}	1	3.08
	Ca^{2+}	1	2.0
	Cd^{2+}	1	2.2
	Co^{2+}	1	2.22
	Cu^{2+}	1	3.33
	Fe^{3+}	1	7.49
	Hg^{2+}	2	7.28
	Mg^{2+}	1	1.20
	Mn^{2+}	1	2.26
	Ni^{2+}	1	2.36
	Pb^{2+}	1	2.8
	Zn^{2+}	1	1.6
硫脲 S=C(NH$_2$)$_2$	Ag^+	1,2	7.4,13.1
	Bi^{3+}	6	11.9
	Cd^{2+}	1,2,3,4	0.6,1.6,2.6,4.6
	Cu^+	3,4	13.0,15.4
	Hg^{2+}	2,3,4	22.1,24.7,26.8
	Pb^{2+}	1,2,3,4	1.4,3.1,4.7,8.3
乙二胺 H$_2$NCH$_2$CH$_2$NH$_2$	Ag^+	1,2	4.70,7.70
	Cd^{2+}(20℃)	1,2,3	5.47,10.09,12.09
	Co^{2+}	1,2,3	5.91,10.64,13.94
	Co^{3+}	1,2,3	18.7,34.9,48.69
	Cr^{2+}	1,2	5.15,9.19
	Cu^+	2	10.8
	Cu^{2+}	1,2,3	10.67,20.0,21.0
	Fe^{2+}	1,2,3	4.34,7.65,9.70

注：表中除特别说明外均是在 25℃下，离子强度 $I=0$。

参 考 文 献

[1] 大连理工大学无机化学教研室.无机化学实验.北京：高等教育出版社，2023.

[2] 宋光泉.大学化学通用化学实验技术.北京：高等教育出版社，2009.

[3] 段雪，张法智.无机超分子材料的插层组装化学.北京：科学出版社，2009.

[4] 丁杰，等.无机化学实验.北京：化学工业出版社，2008.

[5] 武汉大学化学与分子科学学院实验中心.无机化学实验.2版.武汉：武汉大学出版社，2012.

[6] 李巧玲，李延斌，景红霞，等.无机化学与分析化学实验.北京：化学工业出版社，2020.

[7] 李慎新，陈百利，路璐.分析化学实验.2版.北京：化学工业出版社，2022.

[8] 中国科学技术大学无机化学实验课程组.无机化学实验.合肥：中国科学技术大学出版社.2012.

[9] 王训，倪兵，等.纳米材料前沿——纳米材料液相合成.北京：化学工业出版社，2018.

[10] 郑燕，万涛，谢方玲，等.氧化亚铜光催化剂的制备方法及其研究进展.功能材料与器件学报，2021，27（06）：536-548.

[11] Guo T，Yao M S，Lin Y H，et al. A comprehensive review on synthesis methods for transition-metal oxide nanostructures. CrystEngComm，2015，17（19）：3551-3585.

[12] Krishnan A，Swarnalal A，Das D，et al. A review on transition metal oxides based photocatalysts for degradation of synthetic organic pollutants［J］. Journal of Environmental Sciences，2024，139：389-417.

[13] 王金敏，于红玉，马董云.纳米二氧化锰的制备及其应用研究进展.无机材料学报，2020，35（12）：1307-1314.

[14] 霍冀川，胡文远.趣味化学实验.2版.北京：化学工业出版社，2022.